电网基建工程
技经管理标准化工作指南

国网北京市电力公司电力建设工程咨询分公司　编

中国电力出版社
CHINA ELECTRIC POWER PRESS

内 容 提 要

《电网基建工程技经管理标准化工作指南》是依据行业规程规范、国家电网有限公司相关规章制度，基于技经专业的工作实践经验而编制完成的。

本指南对进一步加强技经队伍建设、推进技经管理高质量发展有着重要意义。本指南有三个特点：一是从费用标准、价格信息、工程定额、技经指标四个方面系统阐述了技经专业的管理体系；二是从工程建设全过程管理角度，对初步设计、施工图设计、招投标、建设实施、工程竣工阶段，明确其技经管理依据、工作内容和管控要点；三是从实用角度出发，系统整理了建设管理单位各个阶段主要的工作模板，为建设管理单位技经实际工作提供便利。

本指南适用于从事输变电工程技经管理工作的技术人员、管理人员使用。

图书在版编目（CIP）数据

电网基建工程技经管理标准化工作指南 / 国网北京市电力公司电力建设工程咨询分公司编 .—北京：中国电力出版社，2022.3（2024.12重印）
ISBN 978-7-5198-6415-6

Ⅰ.①电⋯ Ⅱ.①国⋯ Ⅲ.①电网 - 电力工程 - 工程管理 - 标准化管理 - 中国 - 指南
Ⅳ.① TM727-65

中国版本图书馆 CIP 数据核字（2022）第 003383 号

出版发行：中国电力出版社
地　　　址：北京市东城区北京站西街 19 号（邮政编码 100005）
网　　　址：http://www.cepp.sgcc.com.cn
责任编辑：张　瑶（010-63412503）
责任校对：黄　蓓　于　维
装帧设计：赵丽媛
责任印制：石　雷

印　　刷：三河市航远印刷有限公司
版　　次：2022 年 3 月第一版
印　　次：2024 年 12 月北京第二次印刷
开　　本：710 毫米 ×1000 毫米　16 开本
印　　张：8.25
字　　数：138 千字
印　　数：1001—2000 册
定　　价：48.00 元

编委会名单

随着我国经济发展由高速增长阶段转向高质量发展的阶段，电力行业转方式、调结构力度的持续加大，电网发展面临新要求。与此同时，技经专业经过十余年的发展、升级，已经成为工程建设的重要组成部分，承担着工程技术经济领域的各项职责。

坚持高质量控制是输变电工程造价管理工作理念的新构架，是全面推行技经专业高质量管理的重要措施和科学、系统、全面管理工程造价的集中体现。在这样的背景下，编者结合工程实例，创新编制《电网基建工程技经管理标准化工作指南》，在继承和发扬以往好的做法基础上，与时俱进，把握电力行业发展的脉搏，全力推进技经工作的高质量发展。

本指南以技经管理流程为主线，通过实际案例分析加强技经管理各环节的管控。简明扼要地梳理了技经全流程管理体系和管控要点，能够帮助广大技经人员不断学习、理解最新的制度和实施要求，提升工作能力。本指南可供从事输变电工程建设及管理的技经人员学习参考。

由于水平有限，加之时间仓促，疏漏之处在所难免，敬请读者提出意见和建议，以便进一步修订，使之更趋完善。

编 者

2021 年 9 月

目 录

第一章

概　　述

第一节　管　理　内　容

一、初步设计阶段

初步设计概算是初步设计文件的重要组成部分，是编制工程投资计划、招标、施工图预算、工程结算的重要依据，在初步设计阶段，应根据初步设计文件、技术经济方案和投资估算，开展输变电工程建设方案的技术经济分析和评价，确定安全可靠、技术先进、造价合理、控制精准的设计方案。

二、施工图设计阶段

施工图设计阶段是对初步设计阶段的进一步深化，以施工图设计文件、建设预算编制与预算规定及预算定额等计价依据、建设过程合同协议等相关资料为依据，精准计算工程实施阶段费用，形成施工图预算。施工图预算是编制招标工程量清单及最高投标限价、过程造价管理、费用结算的重要依据。

三、招投标阶段

招投标阶段是确定工程实施单位的阶段，工程招标应严格执行国家招投标有关法律法规，并依据施工图设计文件，按照清单计价规范的要求，加强招标工程量、最高投标限价审查、商务评标等管理，统一工程量清单的编制和计价方法，进一步规范电网工程计价行为。

四、建设实施阶段

建设实施阶段是实现投资预期目标的过程控制阶段，贯穿工程建设实施的全过程，根据国家、行业、国家电网有限公司（简称国家电网公司）相关规定，基于审定的设计和施工方案，通过合同管理、资金支付、签证变更、分部结算等关键环节进行有效管控，合理确定工程造价。该阶段是工程结算精益化管理的基础，也是输变电工程全过程造价的重点。

五、竣工阶段

竣工阶段是全面考核工程建设工作、审查投资使用合理性、检查造价控制情况的关键环节，依据合同及有关规定对建设工程的立项、审批、实施、验收投运等工程建设全过程中的设计、施工、咨询、技术服务、物资供应、工程管理等建设费用进行审查和确定。同时在工程结算完成后，将结算数据与批准概算、施工图预算进行对比分析，查找差异、分析原因，衡量评价设计质量、工程造价管理水平。技经工作管理全流程见附录 A。

第二节　管　理　体　系

一、费用标准

费用标准是明确工程建设预算费用构成、费用性质划分及计算的标准。

目前已整理收录的费用标准，包括《建筑安装工程费用项目组成》《电网工程建设预算编制与计算规定（2018 年版）》等。

为适应电力发展新形势，进一步统一和规范电力建设工程的计价行为，合理确定和有效控制电力建设工程造价，指导电力建设工程有序开展，中国电力企业联合会已修编完成《电力建设工程定额和费用计算规定（2018 年版）》。该规定在预规方面的变化主要体现在人工单价、新增专业术语、费用项目内容、费用项目计算方式及费率和建设预算项目划分等。该规定在定额方面的变化主要体现在人工单价、定额适用范围、新增定额子目、机械台班定额变化和装置性材料变化等。

二、价格信息

价格信息是用于价格水平的动态调整和计算，如实反映不同地区、不同时间市场价格水平的信息。

目前已整理收录价格信息标准主要包括《电力建设工程装置性材料综合预算价格（2018 年版）》《电力建设概预算定额价格水平调整系数（2018 年

版）》《电力建设工程装置性材料价格（2018 年版）》等。

三、工程定额

工程定额是直接用于工程计价的定额或指标，主要包括估算指标、概算定额、预算定额。

目前已整理收录定额类标准主要包括《电力建设工程概算定额（2018 年版）》《电力建设工程预算定额（2018 年版）》等。

四、技经指标

技经指标是反映不同技术水平和经济特征在某一方面的绝对数、相对数或平均数。

目前已整理收录技经指标类标准主要包括《国家电网公司输变电工程通用造价（2014 年版）》《国家电网公司输变电工程标准参考价（2019 年版）》等。

第二章

初 步 设 计 阶 段

第 一 节 管 理 依 据

初步设计阶段管理依据如表 2-1 所示。

表 2-1　　　　　　　　初步设计阶段管理依据

序号	文号	文件名称
1	国家电网企管〔2021〕89 号	《国家电网有限公司输变电工程初步设计审批管理办法》
2	京电建设〔2021〕5 号	国网北京市电力公司《关于推进工程设计管理体系高质量建设的指导意见》
3	京电建设〔2019〕82 号	国网北京市电力公司《关于进一步加强输变电工程初步设计评审管理工作的通知》
4	建设〔2021〕22 号	国网北京市电力公司建设部《关于发布〈输变电工程初步设计评审重点控制事项负面清单（2021 年版）〉的通知》

第 二 节 工 作 内 容

初步设计阶段是工程设计构思基本形成的阶段，该阶段将实现初步设计方案和概算的合理确定。对于建设管理单位来说，该阶段主要涉及的工作为初步设计审批管理。

初步设计审批包括初步设计评审计划管理、初步设计内审及评审、收口和批复，具体流程如图 2-1 所示。

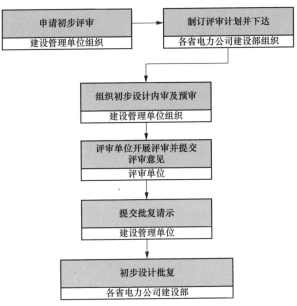

图 2-1　初步设计审批管理流程

（一）初步设计评审计划管理

（1）国家电网有限公司基建部（简称国网基建部）负责 220kV 规模以上工程初步设计评审计划管理，各省电力公司建设部负责 220kV 规模以下工程初步设计评审计划管理。

（2）每年 12 月底前按照年度建设计划，建设管理单位向各省电力公司建设部报送次年初步设计评审预安排。每月 18 日建设管理单位向各省电力公司建设部报送下月初设评审计划，各省电力公司建设部制订并下达月度评审计划。

（二）初设评审管理

（1）国网基建部组织开展 220kV 规模以上工程的初步设计评审。各省电力公司建设部组织开展 220kV 规模以下工程的初步设计评审。

（2）各省电力公司建设部指导，建设管理单位负责组织 220kV 规模以上工程的初步设计内审，申请初步设计评审。220kV 规模以下工程的初步设计内审由建设管理单位负责自行组织。

（3）初步设计内审要协调内部各方面意见，审核设计内容及深度，形成内审意见（见附录 B），内审是否组织以及内审意见的质量情况作为开展正式评审的必要条件。技经人员在内审时主要关注送审概算，针对概算编制内容形成技经内审意见。

（4）初步设计评审会议前，评审单位内部应做好预审，提前对工程初步设计文件进行初步审核，确认是否具备评审条件。不具备评审条件的设计文件，评审单位应予以退回，在不少于评审会议计划时间2个工作日前通知项目法人单位和批复单位。

（5）在评审单位对初步设计文件进行预审通过后，国家电网公司层面组织初步设计评审的工程，内审会议通知由相关建设管理单位分管领导、各省电力公司建设部分管领导共同签发并加盖该单位及各省电力公司建设部公章后发出；各省电力公司层面组织初步设计评审的工程，正式评审会会议通知由相关建设管理单位分管领导签发并加盖该单位公章后发出。

（6）评审工作原则上采用会议形式，结合工程建设各个方面意见，共同讨论初步设计文件，研究确定工程建设主要技术方案和概算投资。初步设计审定后，设计单位应向评审单位提交审定的设计文件和概算书，评审单位向项目法人单位提交评审意见。建设管理单位提出请示，批复单位根据请示文件和评审意见，批复工程初步设计。

（三）压实评审管理主体责任

各建设管理单位是所负责输变电工程项目初步设计评审管理的责任主体，负责初步设计评审全过程的统筹和组织，对评审计划的编制、上报、执行承担管理责任，对勘察设计单位提交的初步设计成果及质量承担管理责任，组织和协同评审单位充分落实评审工作质量及效率要求，对相关专业部门和单位初步设计评审专业意见的协调与统一承担管理责任。

第三节　管　控　要　点

一、落实初步设计评审前提条件

各建设管理单位组织开展输变电工程初步设计必须严格执行国家、行业设计规程规范，落实国家电网公司"三通一标"技术原则，满足初步设计深度规定，在以"七不审"为"红线"要求的同时，要重点确保设计单位经招标确定、接入系统方案经审定、原则上应具备两个以上可行的建设方案、概算控制在估算和项目核准批复资金以内、初步设计规模与可研批复（核准）规模一致等相关条件落实和具备。不满足上述评审前提条件或未执行评审计划的工程，不得组织安排初步设计评审；特殊情况下，由建设管理单位向各省电力公司建设部行文报告说明情况并明确相应管理责任、处置措施及考核事项后方可实施。

二、初步设计阶段技经管理需要注意的问题

（1）了解工程内容，初步设计概算的卷册划分应与可研批复内的全部范围保持一致。

（2）了解市场价格，关注工程主要设备、材料在初步设计概算内计列的价格是否达到或超过近期国家电网公司招标价格。

（3）梳理工程费用，应关注其他费用内是否计列前期征地赔偿等相关费用，是否有前期评估报告；有无穿越或跨越铁路、公路、地铁等特殊工程费用；站外水源、电源、道路是否有专项设计及相关费用；地基处理方式的选择和费用。

（4）初步设计的变动会引起技经概算的同步变动，在初步设计评审时技经人员应同步关注设计变动，及时与技经专家进行概算审核。

（5）初步设计批复后需及时完成项目合同策划，按合同模板签订该阶段相应合同，并建立合同台账。

（6）初步设计批复后应及时开展技经台账编制工作（见附录C），确保后续技经工作顺利开展。

三、估算—概算对比分析

"估算—概算"阶段，采取"预警分析＋调整反馈"方式管控。

（1）建设单位负责、设计单位配合，在取得初步设计概算时，开展概算、估算对比。如"估算—概算"指标未进入上述目标指标区间则触发预警，建设单位启动专题分析。

（2）设计单位按照建设单位要求，针对量、价、费进行对比分析，查找估算、概算偏差主要原因，出具分析报告，提出整改建议和措施。

（3）根据分析报告，如需优化初步设计方案，由设计单位开展优化工作；如初步设计方案合理完备，虽然未进入目标指标区间，仍然维持原方案；如可研编制不合理，由建设单位将相关情况反馈各省电力公司发展部、建设部会商处理。

（4）此阶段工作需在初设评审前完成。

施工图设计阶段

第一节 管理依据

施工图设计阶段管理依据如表 3-1 所示。

表 3-1 施工图设计阶段管理依据

序号	文号	文件名称
1	国网（基建 /3）957—2019	《国家电网有限公司输变电工程施工图预算管理办法》
2	京电建设〔2020〕123 号	国网北京市电力公司《关于印发输变电工程施工图评审实施方案的通知》
3	京电建设〔2019〕130 号	国网北京市电力公司《关于组建施工图预算审核专家库的通知》

第二节 工 作 内 容

施工图设计阶段是对初步设计阶段的进一步深化，以施工图设计文件为基础，预测工程实施阶段费用，有效控制工程造价。对于建设管理单位技经来说，该阶段主要涉及的工作为施工图预算管理。

施工图预算是指根据施工图设计文件、建设预算编制与预算规定及预算定额等计价依据、建设过程合同协议等相关资料编制的阶段性造价管理成果，是编制招标工程量清单及最高投标限价、过程造价管理、费用结算的重要依据。输变电工程施工图预算管理包括施工图预算的编制和审查，以及与概算、结算的数据对比等内容。施工图预算管理流程如图 3-1 所示。

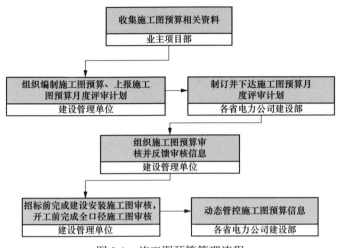

图 3-1 施工图预算管理流程

一、施工图预算审核范围及方式

（1）各省电力公司建设管理的 35kV 及以上输变电工程（含改、扩建工程）全面开展施工图预算审核。

（2）各省电力公司建设部依据国家法律、法规及国家电网公司服务采购相关规定，通过框架招标方式确定评审单位。建设管理单位根据招标结果和工程重要程度选择评审单位并组织评审工作。

二、施工图预算审核工作流程

（1）各建设管理单位根据工程进展情况，合理安排所辖工程的施工图预算审核时间进度，于每月 18 日前向各省电力公司建设部报送下月施工图预算审核计划。建设管理单位在向各省电力公司建设部提交施工图预算审核月度申请计划前，须落实施工图预算审核相关前提文件，确保施工图及施工图预算基本深度。

1）前提文件（包括但不限于）：需评审的施工图预算书、必要的计算文件、初步设计评审意见和批复文件、环评、水保报告及批复文件，以及应取得规划、国土等有关协议及文件等。

2）基本深度（包括但不限于）：施工图设计深度和质量应满足施工图预算编制要求，严格落实初步设计评审意见，施工图规模与初步设计批复规模一致，不得以扩大初步设计代替施工图设计。施工图预算应在概算和项目批复资金内，依据有关法律法规、国家标准、行业标准、国家电网公司企业标准和相关规定的要求以及施工图设计文件进行编制。

（2）建设管理单位根据各省电力公司建设部下达的施工图预算审核计划，组织开展施工图预算审核会，按照施工图预算审核内容与深度要求，重点审查施工图设计深度是否满足施工图预算编制要求，审核编制依据、初步设计批复主要原则落实情况，审查工程量、价格、费用等内容，审核施工图预算与批准概算的各项费用及主要工程量的对比分析。

（3）施工图预算编制单位应于审核会后 10 个工作日内提交审定的施工图预算书，审核单位于审核会后 10 个工作日内印发审核意见。审核未通过，审核单位予以退回并报各省电力公司建设部，审核时间由建设管理单位另行确定并报各省电力公司建设部纳入审核计划。

（4）工程施工招标前，应完成满足招标深度要求的建设安装工程施工图预算及相应的招标工程量清单及最高投标限价编制与审核；工程开工前，应完成基于施工图设计及物资招标结果的全口径施工图预算的编制及审核。

三、施工图预算审核内容与深度要求

（一）施工图预算审核依据

（1）国家、行业及国家电网公司颁发的计价标准和办法。

（2）工程可研、核准、初步设计批复，环评、水保等单项批复文件。

（3）电力工程造价与定额管理总站发布的人工、材机调整文件。

（4）国家电网公司发布的设备材料信息价。

（5）工程所在地建设主管部门发布的地方材料信息价。

（6）地方政府发布的征地、青苗赔偿、房屋拆迁等建设场地征用的相关标准。

（7）施工图图纸、施工组织设计大纲、设备材料清册等技术资料。

（8）已签订的合同（协议）。

（二）施工图预算主要审核要点

（1）现行国家（行业）规程规范强制性条文执行情况（结构安全、公众利益等）。

（2）国家政策性文件、环评与水保批复文件或批复意见的落实情况。

（3）初步设计批复主要原则落实情况。

（4）国家电网公司相关规定执行情况。

（5）设计相关的施工组织设计大纲施工措施等技术经济文件的合理性、

可实施性。

（6）审定各专业主要施工图工程量。

（7）审定工程预算投资，包括预算编制依据的时效性和合法性，设备、材料价格的真实性及准确性，工程量计算的准确性，其他费用的时效性、合法性和准确性。

（8）工程造价水平分析，包括初步设计概算与施工图预算差异的合理性、主要技术经济指标的符合性。

（三）变电工程审核内容与深度要求

1．工程建设情况

（1）建设规模与初步设计是否一致。

（2）电气主接线、主要设备选型、配电装置和电气总平面布置等与初步设计是否一致。

（3）总平面布置、主要建筑结构型式、征地面积、围墙内占地面积、地基处理型式等与初步设计是否一致。

2．主要设备及材料价格

（1）已招标设备、材料是否按照合同（协议价）计入。

（2）未招标的主要设备价格是否按最新信息价格计列，母线、电缆、构支架等主要材料价格是否按照装置性材料预算价格计列，与市场价出现较大偏差时是否按照信息价进行价差处理。

（3）设备运输方案、运距是否合理，设备运杂费率是否按规定计列。

（4）定额人、材机调整是否采用定额站发布的调整系数调整。

（5）建筑工程材料预算价格是否采用工程所在地建设主管部门发布的信息价。

3．建筑工程

（1）建筑物工程量、技术经济指标是否合理。

（2）门、窗、空调、灯具等材料价格是否合理。

（3）电缆沟道、道路、围墙、挡土墙、护坡、排水沟等工程量是否准确，技术经济指标是否合理。

（4）设备基础、独立基础、柱、梁、楼板、屋面板等工程量是否准确，钢筋混凝土中含筋率是否合理。

（5）土石方费用计列是否与施工图设计一致，运距是否合理。

（6）场地土石比是否与设计图一致；挖方、填方、外运土方等工程量计算是否正确，套用定额是否正确。

（7）地基处理、桩基础、石方的二次爆破、站区绿化工程量是否准确，技术经济指标是否合理。

（8）站区给排水、站外给排水是否与设计图一致，工程量计算是否正确，技术经济指标是否合理。

（9）临时水源、电源是否与设计图一致，工程量计算是否正确。

4. 安装工程

（1）主要电气设备工程量是否与施工图、设备清册一致，安装定额套用是否正确。

（2）电力电缆、控制电缆、光缆等工程量是否与材料清册一致，技术经济指标是否合理。

（3）调试工作的具体项目是否正确，费用是否合理。

（4）站外电源等设计是否满足施工图深度，是否按施工图编制预算，是否有重复计列的设计费、预备费等。

（5）辅助生产工程关于备品备件、检修仪器及仪表应根据建设管理单位实际需要提出，统一考虑。

（四）线路工程审核内容与深度要求

1. 工程建设情况

（1）线路路径、气象条件、导地线、绝缘配置等是否与初步设计一致。

（2）地形比例划分是否符合实际。

（3）材料站设置、运输方式选择及运距计算是否符合实际，运输定额套用与运输方式是否一致。

2. 主要材料价格

（1）已招标材料是否按照合同价计入。

（2）未招标的主要材料价格是否按最新信息价格计列。

（3）主要材料价格是否按照装置性材料预算价格进入本体取费。

（4）定额人工、材机调整是否采用定额站发布的调整系数调整。

（5）地方性材料价格是否采用工程所在地建设主管部门发布的信息价。

3. 本体工程

（1）土石方工程量、土质划分比例、基础混凝土量、基础钢筋量、基础型式划分是否准确。

（2）混凝土浇筑定额系数取定是否合理。

（3）混凝土超灌量计算是否正确。

（4）杆塔工程量、接地工程量计算是否准确，定额套用是否合理。

（5）架线长度、导地线型号及重量、交叉跨越工程量是否准确。

（6）架线方式选择是否正确，架线工程定额选择与架线方式选择是否一致。

（7）牵张场地数量是否合理。

（8）金具串、防振锤、间隔棒、跳线串工程量是否准确，定额选择与电压等级、导线分裂数等是否一致。

（9）排水沟、挡土墙、围堰、尖峰基面等工程量是否准确。

（10）调试费计算是否准确。

（11）余土外运、植草皮、播草籽工程量是否计量准确，价格是否合理。

（五）电缆工程审核内容与深度要求

1. 工程建设情况

（1）电缆线路路径、回路数、电缆及主要电缆附件类型是否与初步设计一致。

（2）电缆通道形式、工作井的主要型式、电缆终端站或电缆登杆（塔）的规模是否与初步设计一致。

2. 主要设备及材料价格

（1）已招标设备、材料是否按照合同计入。

（2）未招标的主要设备价格是否按最新信息价格计列。

（3）定额人、材机调整是否采用定额站发布的最新调整系数调整。

（4）建筑工程材料预算价格是否采用工程所在地建设主管部门发布的信息价。

3. 建筑工程

（1）电缆沟、井及保护管工程量计算是否符合定额规定，定额选择是否合理。

（2）电缆沟、井等主要技术经济指标是否合理。

4. 安装工程

（1）电缆敷设方式选择是否正确。

（2）电缆常规试验类型与设计要求是否一致。

（3）材料运输方式选择及运距计算是否合理。

（六）其他费用审核内容与深度要求

（1）建设场地征用及清理费、工程监理费、项目前期工作费、勘察设计费、设计文件评审费、研究试验费等费用已经签订合同的，是否按照合同计列。未签订合同的应按照以下要求审核。

1）建设场地征用面积及补偿单价是否合规、合理，青苗、林木、房屋、厂矿及其他大额补偿费是否合规、合理。

2）对于土地使用费、地方性收费以及因工程特殊性而增加的单项收费审查相应的协议、文件是否有效、合法。

3）桩基检测费、试桩费用计列依据是否正确，费用是否合理。

4）项目法人管理费、电力工程技术经济标准编制管理费、生产准备费是否按规定计算。

（2）变电工程大件运输费用是否按照施工运输方案计列。

（3）线路辅助设施工程防坠落装置、防鸟刺、在线监测装置等计列依据是否正确，费用是否合理。

（4）电力线改迁是否与施工图一致。

（5）审查以费率计取的其他费用的计算基数是否正确。

（6）审查与施工组织有关的设计方案，确定停电过渡措施、租地、重要跨越措施费等费用计列依据是否正确，费用是否合理。

第三节 管 控 要 点

一、施工图图算联审

（1）各建设管理单位作为施工图图算联审工作的责任主体，要确保不发生遗漏专业影响施工图预算审核质量情况。

（2）采用施工图预算工程量清单招标的工程，在工程施工招标前，建管单位要组织完成图算联审及整改意见的落实，对审定的施工图和施工图预算进行审批（见附录 D），作为启动施工招标的必备条件。同时，建设管理单位应在工程开工后 45 天内，依据招标工程量清单及经审批的施工图，组织施工、造价咨询单位开展工程量清单碰对，并审批完成"工程量清单复核调整预算书"，并作为现场造价控制（分部结算）的"量、价、费"起始点。

二、施工图阶段技经管理需要注意的问题

（1）建安版施工图预算出版时间需在招标前；全口径版施工图预算出版

时间应在安装工程开工前。

（2）建安版施工图预算及全口径版施工图预算费用应满足"三算"精准管控实施方案的要求。

（3）施工图预算应全面采用综合单价法编制，常规输变电工程必须在完成基于施工图预算深度工程量清单编审后开展施工招标，确保招标工程量精准。

（4）"概算—预算"对比分析。"概算—预算"阶段，采取"预警分析＋调整评价"方式管控。

1）建设单位负责、设计单位配合，在取得全口径施工图预算时，按专业开展概算、预算对比。如"概算—预算"指标未进入上述目标指标区间则触发预警，建设单位启动专题分析。

2）设计单位按照建设单位要求，针对量、价、费进行对比分析，查找概算、预算偏差主要原因，出具分析报告，提出整改建议和措施。

3）根据分析报告，如需优化施工图方案，由设计单位开展优化工作；如施工图方案合理完备，虽然未进入目标指标区间，仍然维持原方案；如初步设计编制不合理，由建设单位将相关情况反馈国家电网公司建设部评价处理。

4）该阶段工作需在全口径施工图预算批复前完成。

第四章

招 投 标 阶 段

第一节 管 理 依 据

招投标阶段管理依据如表 4-1 所示。

表 4-1 招投标阶段管理依据

序号	文号	文件名称
1	京电建设〔2021〕22 号	国网北京市电力公司《关于进一步规范基建项目工程及服务类招投标全流程管理的通知》
2	建设〔2020〕69 号	国网北京市电力公司建设部《关于实施基建工程造价咨询及招标代理单位常态化考评的通知》
3	建设纪要〔2020〕226 号	国网北京市电力公司建设部《技经相关问题讨论会纪要》

第二节 工 作 内 容

一、招标策划编制

建设管理单位按照招标方案核准意见书组织开展招标策划，结合年度里程碑计划和工程实际进展情况明确招标范围和招标计划。招标策划应结合可研、初步设计、施工图设计内容和工程现场实际情况编制，确保招标范围齐全完整、招标计划满足工程进度要求。

    1. 招标专业

以输变电工程为例，需要招标的专业有勘察、设计、变电站土建施工及监理、变电站电气施工及监理、变电站土建临时电源、变电站消防、送电沟道施工及监理、送电电缆安装施工及监理、架空线施工及监理、沟道临电施

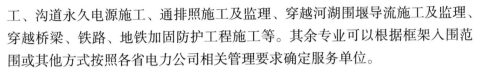

工、沟道永久电源施工、通排照施工及监理、穿越河湖围堰导流施工及监理、穿越桥梁、铁路、地铁加固防护工程施工等。其余专业可以根据框架入围范围或其他方式按照各省电力公司相关管理要求确定服务单位。

2. 招标时间

按照以往招标经验，从发布招标公告到确定中标结果大约需要 2 个月的时间，以此时间为基准，建设管理单位需要根据工程计划节点提前预留招标时间，避免延误工程开工，基本思路为：确定工程各阶段时间节点→确定合同签订节点→确定各专业招标时间节点。

（1）资格预审阶段（约 20 日）。招标准备（2 日）→资格预审公告发布（2 日）→资格预审文件下载（5 日）→资格预审申请文件递交（5 日）→评审专家抽取（1 日）→资格预审评审（1～2 日）→资格预审评审结果确认并盖章（2 日）→投标人投标资格登记（1 日）。

（2）招投标阶段（约 40 日）。招标文件审核（1～2 日）→招标文件备案（5 日）→投标人编制投标文件（20 天）→评标专家抽取（1 日）→开标（1 日）→评标（1～2 日）→评标结果确认并盖章（2 日）→中标候选人公示（3 日）→中标结果公示（1 日）→招投标交易服务费缴纳（1～2 日）→中标通知书备案及发放（1 日）。

3. 招标计划上报

建设管理单位每月 18 日前向各省电力公司建设部报送下月度工程及服务类招标计划，由各省电力公司建设部审批后印发实施。

二、招标前置条件

建设管理单位应当严格按照招标方案核准意见书批准的招标范围、方式和组织形式开展招标工作，并应当在满足招标前置条件的前提下策划组织勘察、设计、施工、监理等专业招标工作，"可研初设一体化招标"项目按照政府相关部门规定和国家电网公司相关管理制度执行。对于列入重点紧急工程清单项目（指倍受国家电网公司、各省市政府关注的重点工程，以及建设周期紧张、需在短时间内建成投运发挥作用的工程），可根据工程进度需要申请采用精准初设概算深度工程量清单施工招标（见附录 E）。

1. 勘察、设计专业招标前置条件

（1）项目核准批复（含建设项目招标方案核准意见书）。

（2）多规合一意见（选址意见书）。

（3）可研批复。

2. 施工、监理专业招标前置条件

（1）项目核准批复（含建设项目招标方案核准意见书）。

（2）多规合一意见（选址意见书）或规划许可证。

（3）初步设计批复。

（4）审定施工图及施工图预算。

三、招标管理流程

根据招标专业和时间的不同，目前招标方式分为各省电力公司年度集中采购（简称"公司招标"）和由建设管理单位直接委托招标代理机构在外部平台进行招标（简称"政府平台招标"）。

1. 公司招标

公司招标为批次招标，一年有 5～6 个批次，每两个月为一批次。其特点为批次时间较为固定，招标流程规范化特征明显，通常勘察、设计、电气施工、监理、通排照、消防等专业常使用批次招标，公司招标流程如图 4-1 所示。

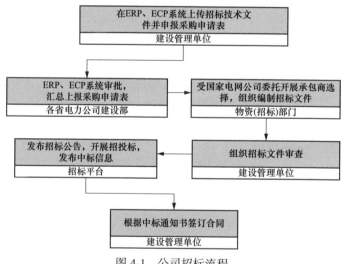

图 4-1　公司招标流程

建管单位项目管理部发起招标申请并在 ERP 系统上进行线上填报，同时在 ECP 平台上传技术文件，并将线下采购申请表（见附录 F）发各省电力公司建设部；各省电力公司建设部进一步组织审核线上 ERP、ECP 系统信息并将线下采购申请表发各省电力公司物资部；物资部组织编制招标文件，同时建管单位组织招标文件审查会，审查通过后由各省电力公司委托的招标代理机构统一在招标平台发布招标公告，开展招标评标工作，待发布中标信息后项目管理部组织签订合同。

2. 政府平台招标

在政府所属招投标交易中心开展，主要包括变电站土建、送电隧道主体工程，以及勘察和设计的招投标工作。按照《北京市建设工程招标投标监督管理规定》第四条："市建委负责本市建设工程施工、监理和与工程建设有关的重要设备、材料采购的招标投标活动的监督工作；市规划委员会（以下简称市规划委）负责本市建设工程勘察、设计招标投标活动的监督工作"，因此，公司变电站土建、送电隧道主体工程是在市建委监管下履行建委管理流程和制度；勘察和设计招标在市规委监管下履行相关招标流程。政府平台招标流程如图 4-2 所示。

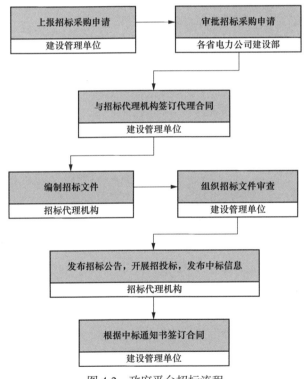

图 4-2 政府平台招标流程

建管单位招标前应从各省电力公司造价咨询框架入围范围中，选择具备招标代理能力的单位开展招标代理工作，并及时签订书面委托代理合同。招标代理机构负责人应当具有工程造价类注册执业资格，并在招标代理机构编制的资格预审文件、招标文件、工程量清单（含招标控制价）等文件上加盖注册执业印章。

（1）发布资格预审公告。

招标代理机构负责发布资格预审公告，发布前建设管理单位应当参照资格预审公告"六要素"进行审核确认：

1）招标项目名称、内容、范围、规模、资金来源。其中，招标项目名称必须与多规合一意见（选址意见书）或规划许可证名称保持一致。

2）投标人资格能力要求，以及是否接受联合体投标。

3）获取资格预审文件或招标文件的时间、方式。

4）递交资格预审文件或投标文件的截止时间、方式。

5）建设管理单位及招标代理机构的名称、地址、联系人及联系方式。

6）采用电子招标投标方式的，潜在投标人访问电子招标投标交易平台的网址和方法〔包括国家电网公司电子商务平台（ECP2.0）〕。

招标代理机构应当在北京市公共资源交易服务平台或中国招标投标公共服务平台上发布公告，如在不同平台上发布公告的，所有公告内容应一致。

（2）资格预审及招标。

1）资格预审文件编制审核。

建设管理单位应当对资格预审文件主要内容进行审核，不得存在以下限制、排斥投标人或潜在投标人的条款：

a）设定的资格、技术、商务条件与招标项目的具体特点和实际需要不相适应或与合同履行无关，如设置不合理的注册资本金、企业规模、业绩要求，不合理提高资质要求等。

b）以特定行政区域或特定行业的业绩、奖项作为加分条件或中标条件。

c）限定或指定特定的专利、商标、品牌、原产地或供应商。

d）非法限定潜在投标人或投标人的所有制形式或组织形式，如设置与企业性质挂钩的行业准入、资质标准等。

e）限制通过预审后的投标人数量。如因实际需要拟限制的，应当在资格预审公告中载明。

f）其他限制、排斥潜在投标人或投标人的内容。

2）招标文件（含工程量清单及招标控制价）编制审核。

a）编制阶段。建设管理单位在招标文件（含工程量清单及招标控制价）编制前，针对工程实际情况，必要时可组织设计、招标代理机构等单位，结合招标易落项清单（见附录G）开展现场踏勘，并出具工程招标前现场踏勘

记录表（见附录 H）。

建设管理单位依据招标图纸、现场踏勘和物资订货情况明确招标工程量，编制《招（投）标人采购材料（设备）表》（见附录 I），履行内审程序并加盖单位公章后提交招标代理机构编制招标文件。建设管理单位对招标工程量的准确性负责。

建设管理单位应当加强工程量清单及招标控制价编制质量管控，委托入围公司造价咨询框架范围的单位编制工程量清单及招标控制价（集中采购批次项目除外），并严格按照委托合同条款约定对编制单位工作质量进行考评。

b）审核阶段。建设管理单位负责组织招标文件（含工程量清单及招标控制价）复核性审查。建设管理单位可以自行开展复核性审查，也可以委托入围公司造价咨询框架范围的造价咨询单位，依据招标文件重点审查清单和批复概算、施工图预算，参照工程定额和市场信息价格，对招标文件（含工程量清单及招标控制价）编制单位提供的正式盖章版文件进行复核性审查。复核性审查分初审、终审两个阶段，其中初审应当在复核性审查会议召开前完成并在复核性审查会上提交初审结果，终审结果应于复核性审查会议后最多 2 个工作日内或满足招标进度要求的时限内完成。复核性审查通过后招标文件（含工程量清单及招标控制价）方可发出。

3）资格预审文件（招标文件）发售。

招标代理机构负责资格预审文件（招标文件）发售工作，必须确保资格预审文件（招标文件）发售时间满足国家法律、法规、规章和国家电网公司相关管理制度要求：

a）资格预审文件（招标文件）发售时间不得少于 5 日。

b）提交资格预审申请文件的时间，自资格预审文件停止发售之日起不得少于 5 日。

c）自招标文件开始发出之日起至投标人提交投标文件截止之日止，最短不得少于 20 日。

d）如政府部门对上述工作的截止时间有工作日等特殊规定的，按其规定执行。

4）其他

招标代理机构应当在编制资格预审文件（招标文件）时，将以下典型围串标情形列为废标条件，建设管理单位应当在复核性审查时进行把关。

a）不同投标人的资格预审申请文件、投标文件由同一单位或者个人编制的。

b）不同投标人委托同一单位或者个人办理投标事宜的。

c）不同投标人的资格预审申请文件、投标文件载明的项目管理机构成员出现同一人的。

d）不同投标人委托同一人踏勘现场或投标的。

e）不同投标人的资格预审申请文件、投标文件相互混装的。

f）不同投标人的投标保证金从同一单位或者个人的账户转出的。

g）法律、法规、规章和国家电网公司相关制度规定的其他情形。

第三节　管　控　要　点

一、基建项目招投标管理负面清单

在基建项目招投标管理中严禁触犯"负面清单"所列条款。

（1）未严格执行招投标方案核准所规定的招标方式，应当公开招标而采用邀请招标，或将项目化整为零或者以其他任何方式规避招标。先实施后招标等虚假招标行为。

（2）不按照规定在指定媒介发布资格预审公告或招标公告，或在不同媒介发布的同一招标项目的资格预审公告或招标公告内容不一致。

（3）资格预审文件、招标文件发售、澄清、修改时限，或确定的提交资格预审申请文件、投标文件时限不符合法律法规规定。

（4）接受未通过资格预审的单位参加投标，接受应当拒收的投标文件。

（5）超过法律法规规定比例收取投标保证金、履约保证金或不按照规定退还投标保证金及银行同期存款利息。

（6）确定、更换评标委员会成员违反法律法规规定。

（7）合同的主要条款与招标文件、中标人的投标文件内容不一致，或订立背离合同实质性内容的协议。

（8）在资格、技术、商务条件等方面以不合理的条件限制、排斥潜在投标人或者投标人。

（9）招标文件（含工程量清单及招标控制价）编制单位、复核性审查单位以及投标人之间，未按照国家法律、法规、规章和国家电网公司相关管理制度规定，明确做到保密和回避要求。

（10）各种形式的围串标情形。

二、招标文件重点审查清单

（1）投标人及其投标人员的要求（如资格条件等）是否符合法律规定。

（2）招标文件中是否标注出危大工程清单。

（3）安全文明施工费、规费等不可竞争性费用费率要求是否明确。

（4）招标文件中应明确，以暂估价列项的专业工程和设备材料，达到国家规定的必须招标的规模标准的，应当按照总承包招标方式或项目审批部门核准的招标方式进行招标。

（5）暂估价项目计列是否齐全完整、是否合规。尚未明确金额的行政事业性收费项目是否按照暂估价项目处理等。

（6）不得将投标企业中标后承诺设立分（子）公司作为评审因素等要求。

三、招投标台账

建设管理单位应结合招标策划工作，建立基建项目工程及服务类招投标台账（见附录 J）并每季度及时更新。对于因招标策划不严谨导致的未招标先实施等现象，各省电力公司将按照造价量化考核条款对责任单位严肃追责。

第五章

建 设 实 施 阶 段

第一节 管 理 依 据

建设实施阶段管理依据如表 5-1 所示。

表 5-1   建设实施阶段管理依据

序号	文号	文件名称
1	京电建设〔2020〕17 号	国网北京市电力公司《关于印发〈基建工程现场过程造价控制实施方案范本（2020 版）〉的通知》
2	京电建设〔2020〕78 号	国网北京市电力公司《关于印发〈国网北京市电力公司基建工程设计变更与现场签证管理规范（试行）〉的通知》
3	京电建设〔2020〕43 号	国网北京市电力公司《关于在基建工程领域落实农民工工资支付工作的指导意见》
4	建设〔2021〕8 号	国网北京市电力公司建设部《关于加强电网基建工程资金计划管理的通知（试行）》
5	建设〔2020〕83 号	国网北京市电力公司建设部《关于在基建工程中落实保障农民工工资支付相关合同配套调整要求的通知》
6	建设〔2020〕118 号	国网北京市电力公司建设部《关于明确基建工程设计变更、现场签证等造价管理资料统一编号原则的通知》
7	建设〔2020〕42 号	国网北京市电力公司建设部《关于进一步加强和规范基建工程合同管理工作的通知》
8	建设〔2019〕101 号	国网北京市电力公司建设部《关于印发〈"智慧工地"系统（工程现场部分）费用计列规定（试行）〉的通知》

续表

序号	文号	文件名称
9	建设〔2019〕5号	国网北京市电力公司建设部《关于印发〈建设场地征用及清理委托合同〉等2个合同的通知》
10	经法〔2019〕6号	国网北京市电力公司《关于印发〈国家电网有限公司合同管理办法〉国网北京市电力公司差异条款的通知》

第二节　工　作　内　容

一、合同管理

为规范基建工程合同管理，明确基建工程合同签订条件、对象及相关计价依据，进一步提升基建工程合同的规范性、及时性和合法性，对涉及基建职能所管基建工程合同签订情况进行了梳理，形成了基建工程合同签署指导意见。

（一）合同管理责任

（1）各建设管理单位是代表各省电力公司开展基建工程项目管理的责任主体，对所负责基建工程的合同管理承担统筹和归总管理责任；在业主项目部层面，业主项目经理是所负责工程合同管理的主要责任人，要对项目各类合同进行统筹管理、系统策划、重点审核、严格执行和定期梳理，将合同纳入项目部日常管理。

（2）相关专业部门和单位根据基建工程实施过程中的阶段任务和职责分工，按照"谁发起合同、谁牵头负责"的原则，对合同签订、内容条款、执行落实承担具体管理责任。建设实施阶段的合同管理要求按期完成基建工程合同明细清单工程建设部分内的合同内容，结算价款与原合同金额不一致的，签订补充协议调整合同结算金额。

（二）合同明细范围

合同明细清单为项目建设过程中，从项目决策立项到总结评价需要签署的合同种类清单，适用于各省电力公司基建职能所管基建工程。

表5-2列出了基建工程建设中可能会遇到的各类合同类型，具体合同签署要依据工程具体建设情况确定。

表 5-2　　　　　　　　　基建工程招标及合同策划模板

序号	合同名称	签订时间	合同类型	乙方	是否招标	实际/计划招标月份	实际/计划合同签订时间
						××××年×月	××××年×月
一				项目前期			
1	用地预审委托合同	项目前期	技术服务类合同	用地预审委托单位	框架入围/设计合同		
2	建设用地地质灾害危险性评估技术服务合同	项目前期	技术服务类合同	评估单位	框架入围		
3	建设用地压覆重要矿产资源储量核实技术服务合同	项目前期	技术服务类合同	测绘单位	框架入围		
4	建场费评估咨询合同（可研、初设）	工程前期	咨询委托类合同	评估单位	框架入围		
5	环境影响评价咨询合同	项目前期	咨询委托类合同	环评咨询单位	框架入围		
6	社会稳定风险评估咨询合同	项目前期	咨询委托类合同	稳评咨询单位	框架入围		
7	项目申请报告评估咨询合同	项目前期	咨询委托类合同	项目申请咨询单位	框架入围		
8	水影响评价	项目前期	咨询委托类合同	水评咨询单位	框架入围		
9	可行性研究报告编制合同	项目前期	咨询委托类合同	设计单位	批次招标/直接委托		
10	变电站、送电工程钉桩测量合同	项目前期	技术服务类合同	测绘单位	框架入围		
11	选址选线	项目前期	技术服务类合同	设计单位	框架入围		
12	南水北调安全评估	项目前期	咨询委托类合同	原设计单位	否		

续表

序号	合同名称	签订时间	合同类型	乙方	是否招标	实际/计划招标月份	实际/计划合同签订时间
13	可研初设一体化（可研）	项目前期	技术服务类合同	可研编制、设计单位	批次招标（合同）		
二				工程前期			
14	勘察招标代理合同	工程前期	咨询委托类合同	招标代理机构	框架入围		
15	设计招标代理合同	工程前期	咨询委托类合同	招标代理机构	框架入围		
16	工程设计合同	工程前期	工程建设类合同	设计单位	规委招标、批次（一体化和直接招标）		
17	工程勘察合同	工程前期	工程建设类合同	勘察单位	规委招标、批次（一体化和直接招标）		
18	建场费评估咨询合同（初设）	工程前期	咨询委托类合同	评估单位	框架入围		
19	建场费评估咨询合同（施工）	工程前期	咨询委托类合同	评估单位	框架入围		
20	前期拆迁单位招标代理合同	工程前期	咨询委托类合同	招标代理机构	框架入围		
21	工程建设场地征用及补偿合同	工程前期	工程建设类合同	拆迁单位	否		
22	工程委托前期补偿合同	工程前期	工程建设类合同	政府机关或其委托的单位	否		
23	工程前期监理合同	工程前期	工程建设类合同	监理单位	批次招标		
24	权属测量及勘测定界技术服务合同	工程前期	技术服务类合同	测绘机构	框架入围/纳入总包		
25	预留控制点及用地测量	工程前期	技术服务类合同	测绘机构	框架入围/纳入总包		

续表

序号	合同名称	签订时间	合同类型	乙方	是否招标	实际/计划招标月份	实际/计划合同签订时间
26	土壤检测	工程前期	技术服务类合同	检测机构	框架入围/纳入总包		
27	临时用地复垦方案编制合同	工程前期	技术服务类合同	土地咨询单位	框架入围/纳入总包		
28	施工临时建筑设计费	工程前期	技术服务类合同	设计单位	纳入设计总包		
29	施工临时占地测绘费	工程前期	技术服务类合同	设计单位	纳入设计总包		
30	房屋结构检测	工程前期	技术服务类合同	检测机构	纳入总包		
31	购买地形图	工程前期	技术服务类合同	测绘机构	纳入设计总包		
32	权籍落宗	工程前期	技术服务类合同	测绘机构	框架入围		
33	水防治补救措施方案编制	工程前期	技术服务类合同	水评咨询单位	框架入围		
34	防雷报告	工程前期	技术服务类合同	检测机构	框架入围/纳入总包		
35	变电站林地可研报告编制技术服务合同	工程前期	工程建设类合同	林业咨询单位	框架入围		
36	送电林地可研报告编制技术服务合同	工程前期	工程建设类合同	林业咨询单位	框架入围		
37	林木勘测技术服务合同	工程前期	技术服务类合同	林勘技术服务单位	框架入围/纳入总包		
38	项目土地利用总体规划动态维护技术服务合同	工程前期	技术服务类合同	测绘机构	框架入围		
39	土地证办理代理合同	工程前期	咨询委托类合同	土地咨询单位	框架入围		

序号	合同名称	签订时间	合同类型	乙方	是否招标	实际/计划招标月份	实际/计划合同签订时间
40	变电站土建施工招标代理服务合同	工程前期	咨询委托类合同	招标代理机构	框架入围		
41	变电站土建监理招标代理服务合同	工程前期	咨询委托类合同	招标代理机构	框架入围		
42	送电沟道工程施工招标代理合同	工程前期	咨询委托类合同	招标代理机构	框架入围		
43	送电沟道工程监理招标代理合同	工程前期	咨询委托类合同	招标代理机构	框架入围		
44	沟道临电招标代理合同	工程前期	咨询委托类合同	招标代理机构	框架入围		
45	沟道永久电源招标代理合同	工程前期	咨询委托类合同	招标代理机构	框架入围		
46	变电站临时电源招标代理合同	工程前期	咨询委托类合同	招标代理机构	框架入围		
47	变电站等级保护测评及风险评估技术服务合同	工程前期	技术服务类合同	技术服务单位	框架入围		
48	工程技术经济标准编制服务协议	工程前期	技术服务类合同	国家电网公司电力建设定额站	否		
49	施工图预算审核合同	工程前期	咨询委托类合同	造价咨询单位	框架入围		
50	施工图评审合同	工程前期	咨询委托类合同	评审单位	框架入围		
51	工程量清单与招标控制价审核合同	工程前期	咨询委托类合同	造价咨询单位	框架入围		
52	智慧工地技术服务合同	工程前期	技术服务类合同	技术服务单位	框架入围		

序号	合同名称	签订时间	合同类型	乙方	是否招标	实际/计划招标月份	实际/计划合同签订时间
53	初步设计评审委托合同	工程前期	工程建设类合同	评审单位	否		
54	变电站全过程规划验收测量招标代理合同	工程前期	咨询委托类合同	招标代理机构	框架入围		
55	变电站全过程规划验收测量合同	工程前期	技术服务类合同	测绘单位	框架入围		
三				工程建设			
56	变电站土建施工合同	工程建设	工程建设类合同	施工单位	建委招标		
57	变电站土建工程造价咨询合同	工程建设	咨询委托类合同	造价咨询单位	框架入围		
58	变电站土建监理合同	工程建设	工程建设类合同	监理单位	建委招标		
59	变电站土建临时电源合同	工程建设	工程建设类合同	施工单位	纳入总包/批次招标/见证服务		
60	变电站电气安装工程施工合同	工程建设	工程建设类合同	施工单位	批次招标		
61	变电站安装工程造价咨询合同	工程建设	咨询委托类合同	造价咨询单位	框架入围		
62	保安电源施工合同	工程建设	工程建设类合同	施工单位	批次招标/纳入总包		
63	保安电源监理合同	工程建设	工程建设类合同	监理单位	批次招标/纳入总包		
64	变电站电气安装工程监理合同	工程建设	工程建设类合同	监理合同	批次招标		
65	变电站消防工程施工合同	工程建设	工程建设类合同	施工单位	批次招标		
66	变电站给排水（站外水源）施工合同	工程建设	工程建设类合同	施工单位	纳入总包/见证服务/批次招标		

续表

序号	合同名称	签订时间	合同类型	乙方	是否招标	实际/计划招标月份	实际/计划合同签订时间
67	变电站给排水（站外水源）造价咨询合同	工程建设	咨询委托类合同	造价咨询单位	框架入围		
68	主站端接入技术服务合同	工程建设	技术服务类合同	技术服务单位	批次招标/纳入电气总包		
69	变电站第三方监测合同	工程建设	技术服务类合同	监测单位	见证服务/各单位框架		
70	变电站安全巡检合同	工程建设	咨询委托类合同	安全巡检单位			
71	送电工程沟道施工合同	工程建设	工程建设类合同	施工单位	见证服务		
72	沟道工程造价咨询合同	工程建设	咨询委托类合同	造价咨询单位	框架入围		
73	送电工程沟道监理合同	工程建设	工程建设类合同	监理合同	见证服务		
74	沟道第三方监测合同	工程建设	技术服务类合同	监测单位	见证服务		
75	沟道雷达探测合同	工程建设	技术服务类合同	检测单位	框架入围		
76	送电电缆安装施工合同	工程建设	工程建设类合同	施工单位	批次招标		
77	电缆安装造价咨询合同	工程建设	咨询委托类合同	造价咨询单位	框架入围		
78	送电电缆安装监理合同	工程建设	工程建设类合同	监理单位	批次招标		
79	送电线路施工合同	工程建设	工程建设类合同	施工单位	批次招标		
80	送电线路造价咨询合同	工程建设	咨询委托类合同	造价咨询单位	框架入围		
81	送电线路监理合同	工程建设	工程建设类合同	监理单位	批次招标		

续表

序号	合同名称	签订时间	合同类型	乙方	是否招标	实际/计划招标月份	实际/计划合同签订时间
82	沟道临电施工合同	工程建设	工程建设类合同	施工单位	纳入总包/见证服务/批次招标		
83	通风排水照明施工合同	工程建设	工程建设类合同	施工单位	批次招标		
84	通风排水照明造价咨询合同	工程建设	咨询委托类合同	造价咨询单位	框架入围		
85	通风排水照明监理合同	工程建设	工程建设类合同	监理单位	批次招标		
86	沟道永久电源施工合同	工程建设	工程建设类合同	施工单位	纳入总包/见证服务/批次招标		
87	穿越河湖防洪评价合同	工程建设	咨询委托类合同	洪评机构	框架入围		
88	穿越河湖安全评估	工程建设	技术服务类合同	安评机构	框架入围		
89	穿越河湖围堰导流施工合同	工程建设	工程建设类合同	施工单位	见证服务		
90	穿越工程招标代理（河湖、地铁、铁路、公路）合同	工程建设	咨询委托类合同	招标代理机构	框架入围		
91	穿越河湖围堰导流监理合同	工程建设	咨询委托类合同	监理单位	见证服务		
92	穿越桥梁道路设计咨询合同	工程建设	咨询委托类合同	原道路设计单位	否		
93	穿越桥梁道路第三方监测合同	工程建设	技术服务类合同	监测机构	见证服务/各单位框架		
94	穿越桥梁道路工前、工后检测合同	工程建设	技术服务类合同	监测机构	见证服务/各单位框架		
95	穿越桥梁道路评估合同	工程建设	技术服务类合同	原道路设计单位	否		

续表

序号	合同名称	签订时间	合同类型	乙方	是否招标	实际/计划招标月份	实际/计划合同签订时间
96	穿越桥梁道路安全监管协议	工程建设	工程建设类合同	道路、桥梁运行管理单位	否		
97	穿越桥梁保护工程施工合同	工程建设	工程建设类合同	施工单位	见证服务		
98	穿越地铁施工补偿协议	工程建设	工程建设类合同	北京市基础设施投资有限公司等产权单位	否		
99	穿越地铁安全评估合同（工前、工后）	工程建设	技术服务类合同	安评机构	见证服务/批次招标		
100	穿越地铁第三方监测合同	工程建设	技术服务类合同	监测机构	见证服务/各单位框架		
101	穿越地铁加固防护工程合同	工程建设	工程建设类合同	施工单位	纳入总包/见证服务		
102	穿越铁路临时借用铁路用地协议	工程建设	工程建设类合同	铁路管理单位	否		
103	穿越铁路铁输损失补偿协议	工程建设	工程建设类合同	铁路管理单位	否		
104	穿越铁路委托项目管理合同	工程建设	工程建设类合同	铁路管理单位	否		
105	穿越铁路施工补偿协议	工程建设	工程建设类合同	铁路建设单位	否		
106	穿越铁路安全评估合同	工程建设	咨询委托类合同	评估单位	见证服务/批次招标		
107	穿越铁路第三方监测合同	工程建设	技术服务类合同	监测机构	见证服务		
108	穿越铁路加固防护工程合同	工程建设	工程建设类合同	施工单位	见证服务		
109	送电工程安全巡检合同	工程建设	咨询委托类合同	安全巡检单位	否		

序号	合同名称	签订时间	合同类型	乙方	是否招标	实际／计划招标月份	实际／计划合同签订时间
110	设备监造合同	工程建设	技术服务类合同	监造单位	否		
111	交通导行施工合同	工程建设	工程建设类合同	施工单位	见证服务／纳入总包／批次招标		
112	临时道路修建及临时占地、临时道路恢复施工合同	工程建设	工程建设类合同	施工单位	见证服务／纳入总包／批次招标		
四	总结评价						
113	各项合同结算补充协议	总结评价	工程建设类合同	施工／监理／咨询／设计	否		
114	变电站消防工程结算审核合同	总结评价	咨询委托类合同	造价咨询单位	框架入围		
115	环境保护验收技术服务合同	总结评价	技术服务类合同	环境咨询单位	框架入围		
116	水土保持设施验收技术服务合同	总结评价	技术服务类合同	水资源咨询单位	框架入围		
117	物资供应服务合同	总结评价	工程建设类合同	物资供应单位			
118	结算复核咨询合同	总结评价	咨询委托类合同	造价咨询单位	框架入围		
119	结算监督合同	总结评价	咨询委托类合同	造价咨询单位	框架入围		
120	全口径报告编制合同	总结评价	咨询委托类合同	造价咨询单位	框架入围		
121	竣工测量合同	总结评价	技术服务类合同	测绘单位	框架入围		
122	其他类技术、咨询合同	根据需要	咨询委托类合同	相关单位	见证服务／纳入总包／批次招标		

（三）合同签订阶段

合同签署分为项目前期、工程前期、工程建设、总结评价四个阶段。

（1）项目前期阶段：项目决策立项、可研到项目核准阶段。

（2）工程前期阶段：项目管理策划、设计监理招标、初步设计、施工图设计、施工招标到开工准备阶段。

（3）工程建设阶段：工程开工、施工、验收投运到工程移交阶段。

（4）总结评价阶段：工程结算、档案移交到项目后评价阶段。

（四）合同审查及签订工作要点

1. 及时性方面

确保合同签订及时。严禁合同签订环节时间滞后，严格执行合同签订不超过中标通知书30日的规定，坚决杜绝倒签合同现象（即未正式签订合同受托方即开始工作），尤其是咨询类、技术服务类合同。

2. 规范性方面

（1）明确审核职责。

项目管理人员、技经人员分别作为合同审核的专业把关人，各自对合同中工程管理、造价管理相关条款内容审核把关。

（2）审核事项重点突出。

重点审核以下事项。

1）合同当事人确定方式是否符合规定。

2）合同实质性条款与招投标文件、中标结果是否一致。

3）合同价款合理性。

4）合同结算支付条款合理性、可行性。

5）是否按规定正确使用合同文本，条款是否齐备、规范且符合规定。

6）合同对方当事人的主体资格、业务范围、资质、证明文件等是否符合规定或要求。

3. 灵活性方面

建设管理单位应组织业主项目部所有专业人员，全面分析工程实际情况，根据工程自身特点，修改合同差异性条款，减少结算争议点，避免机械执行合同。需修改的内容包括但不限于以下几点。

（1）甲供材料及设备的卸车费、保管费，施工企业配合调试费、招标代理服务费、大件运输措施费结算原则。

（2）拆除工程费、跨越措施等可计量且其他项目清单中已包括项目的结算原则。

（3）零星前期、跨越配合费等费用结算原则。

（4）其他可在特别约定中增加，从而避免工程后期结算争议的相应条款。

（5）业主项目部应根据最新《国家电网有限公司基建工程概算、预算、结算计价依据差异条款统一意见》及时修订合同条款。

（五）强化合同签订过程管理

强化合同过程管控，严格依照合同条款开展合同实施阶段管理，并按照合同策划模板建立合同管理台账（见附录K）。

1. 开工前

第一次工程例会上，建设管理单位应向参建单位进行合同造价条款交底（交底内容重点包括施工范围、投标人采购材料范围、价格调整、计量与支付、履约要求及违约责任）。

2. 合同履行过程中

（1）合同履行过程中达成的纪要、协议具有合同解释优先权，因此纪要发布前、协议签订前，建设管理单位应与原合同进行审慎对比。

（2）按照全流程合同签订策划分阶段及时签订补充协议。

（3）提升合同执行的严肃性。

1）合同履行过程中，应按合同约定开展工程量计量，并及时向承包方及农民工支付资金。

2）严格按合同条款履行合同价款调整，例如工程量变化、工程变更及签证、新增综合单价、物价波动、不可抗力等。

3）中标人更换项目经理、总监理工程师要事先征得发包人同意，并履行变更手续。

4）工程停复工、合同延期审批手续要齐全。

5）对合同约定的承包方的违约责任、承包方履职不到位情况进行实质性考核。

3. 合同履行结束

（1）合同履行完毕应及时整理归档，移交档案室。

（2）按照合同约定预留质保金或履约保函的，应在约定到期日及时退还质保金或保函。

二、过程控制

现场过程造价控制应以合同为前提，以施工图预算为控制主线，分级控制，预算不超概算、结算不超预算，实现量准价实、过程规范，实现以下具体管控目标。

（1）施工图预算实施率100%：严格落实施工图预算管理要求，以预算有效管控设计变更，并为分部结算提供参考。

（2）分部结算实施率100%：严格执行分部结算计划，及时完成分部结算，提高结算工作效率。

（3）变更签证规范率100%：事前切实履行编审批程序，以合理程序规范设计变更与现场签证管理。

（4）造价资料规范率100%：以"有统一合规依据"为导向，在现场实施过程中做到计量计价依据合规、造价资料规范。

（一）计量与资金支付

工程款支付应严格执行合同约定，做到资料完整，数据准确，流程合规，不得超前或延期申请支付。施工项目部应根据现场实际进度计算阶段工程价款，及时向业主项目部提交计量资料并提出工程款支付申请。监理项目部应认真审核工程款支付资料的真实性、准确性和规范性，包括暂列金额是否已扣除，安全文明施工费是否单独拨付，上报申请工程款与现场实际已完工程量是否相符等。业主项目部应严格审核相关资料，建立签证变更台账（见附录L），并上报建管单位申请资金预算，及时支付工程款，避免出现拖欠问题。具体计量及资金支付流程如下。

（1）每次计量周期前，由施工单位依据完成工程情况，报送监理单位"已完工程形象进度确认单"，由监理单位对已完工程形象进度进行审核确认，必要时监理单位可填写"已完工程形象进度确认单附件"对形象进度进行确认。

（2）施工单位将审核后"已完工程形象进度确认单""已完工程形象进度确认单附件""已完工程量预算书"递交咨询单位审核。咨询单位参考监理单位形象进度确认单及附件并结合现场情况进行已完工程量及已完工程造价审核。

（3）已完工程量预算书须按施工图纸内、设计变更、现场签证、专业分包分别统计填报。

（4）咨询单位审核施工单位已完工程量预算书（监理单位配合），并于审核完后与施工单位交换意见，填写"已完工程项目造价审定汇总表"上报建设管理单位确认。

（5）施工单位根据"已完工程项目造价审定汇总表"申请当月应付进度款，申报进度款中农民工工资金额。填写"工程资金拨付申请表"（见附录M），经监理单位、咨询单位、建设管理单位审核后，作为当月工程资金拨付的依据。

（6）对各期计量结果进行汇总，作为工程分部结算依据。

（二）农民工工资

为认真贯彻落实《保障农民工工资支付条例》（中华人民共和国国务院令第724号）、《国家电网有限公司关于保障输变电工程建设农民工工资支付的通知》（国家电网基建〔2020〕151号）要求，加强基建工程建设中农民工工资支付管理，各省电力公司建设部应结合公司实际对农民工工资支付提出新的要求。

建设管理单位是落实农民工工资支付的重要责任方。须在招投标文件及施工总承包合同条款中落实关于保障农民工工资支付的具体内容；须按照合同约定按时、足额向农民工工资专用账户拨付资金；须对总承包单位提报的农民工工资申请（包括工作量、人员情况等）准确性、真实性实施监督和必要核查，须对其他相关责任方的履责情况实施监督和必要检查，并依据合同约定及各省电力公司要求对落实不到位的单位和人员实施考核问责。

施工总承包单位是落实农民工工资支付的主体责任方。须在分包合同条款中落实关于保障农民工工资支付的具体内容；须按要求分解预付款、进度款中的农民工工资份额，及时向建设管理单位提报申请并对申请内容的准确性、真实性负责；须按规定设立用于分包单位农民工工资发放的专用账户，确保该账户专款专用，并按时足额将农民工工资拨付到农民工本人银行账户；须严格落实依托国家电网公司基建"e安全"信息系统的现场施工人员实名制要求；须对分包单位劳动用工实施监督管理，对农民工身份真实性进行把关核实。

现场业主、监理、施工项目部（统称"三个项目部"）分别是建设管理单位、监理单位和施工总承包单位派驻现场开展项目管理的执行单元，其在落实农民工工资支付工作上的职责定位与所属单位一致，并负有在工程项目现场管理层面具体操作和执行落地的责任。

对于实行分包单位农民工工资由总承包单位代发制度（简称"代发制度"）的项目，在工程开工前，施工总承包单位须按工程或者按合同履行行政区域范围开立农民工工资专用银行账户（简称"专用账户"）。

对于实行代发制度的项目，建设管理单位在按照现行有关规定和合同约定开展预付款、进度款资金拨付的同时，在工程开工前，须根据总承包单位提报的申请，同步预先向总承包单位开设的该项目农民工工资专用账户拨付1个月农民工工资；在工程开工后，在与预拨付的农民工工资相衔接的基础上，根据总承包单位提报的农民工工资拨付申请，按照月向专用账户拨付农民工工资。建设管理单位须按施工合同约定，组织工程现场造价咨询单位、监理单位、设计单位等相关参建方，及时开展工程现场工程量计量、设计变更和现场签证计量等工作。

施工总承包单位须按照按时足额保障农民工工资支付的要求，在工程开工前分解预付款、工程开工后分解进度款中的农民工工资份额，及时向建设管理单位申请拨付。施工总承包单位申请的工程款（含农民工工资），不应超过预付款金额及当月或累计已完工工程量计量金额。发生农民工工资专用账户资金不足以支付农民工工资，施工总包单位要首先筹集资金用于专用账户农民工工资支付，再行根据实际情况向建设管理单位申请补充拨付资金，确保不拖欠农民工工资。

施工分包单位须按月考核农民工工作量并编制工资支付表，经农民工本人签字确认后，与当月工程完工工程量、工程进度等资料一并提交施工总承包单位。施工总承包单位根据分包单位编制的工资支付表，通过专用账户直接将工资支付到农民工本人的银行账户，并向分包单位提供代发工资银行转账凭证复印件，原件作为财务凭证由施工总包单位存档保存。

三、变更签证

变更签证是基建工程现场过程造价控制的重要内容，是工程管理风险问题的主要焦点，变更签证事项反映出规划、设计、建管、施工、监理、运行、造价咨询等相关业务环节的质量水平，关系到工程造价的精准管控、工程结算（分部结算）的及时规范以及各相关方的管理责任。变更签证必须遵循"责任清晰、分类分级、及时高效、严肃规范"的管理原则；具体的变更签证事项必须落实"事出有因、施之有据、严格把控、量实价准"的管控原则。

（一）设计变更管理流程

针对现场紧急情况、管理实际需要或建设进度特殊需要等情形引发的设计变更，按以下流程管理（见图5-1）。

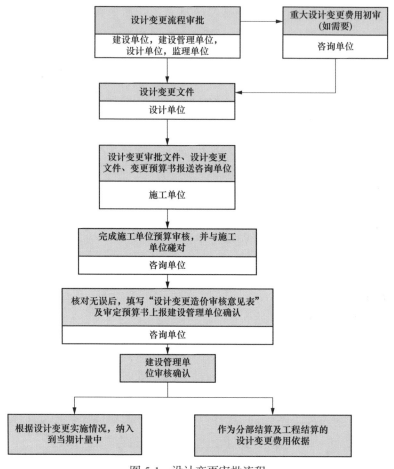

图 5-1　设计变更审批流程

（1）如发生现场紧急情况，监理单位认为将造成人员伤亡或危及项目法人权益时，监理单位直接发布处理指令进行处置而引起的设计变更，在事发后14日内补办完成审批程序。

（2）根据管理实际需要，对工程设计方案进行变更，由各省电力公司建设部以公文形式统一明确和部署后，建设管理单位可依据文件开展相关工作，相关变更流程根据文件具体要求执行。

（3）根据工程建设进度特殊需要，建设管理单位可在各省电力公司建设部组织召开的调度会上提出变更申请，汇报变更方案、预计金额，经会议审议同意后，建设管理单位可根据建设部出具的会议纪要同步开展工作，并在会后14日内完成变更审批程序。

除上述情况以外的其他设计变更，按以下常规设计变更管理流程办理。

（1）非设计原因引起的设计变更。

1）由施工、监理或业主项目部等提出单位出具《设计变更联系单》，报建设管理单位并在 2 日内完成审核后，由业主项目部将《设计变更联系单》提交设计单位。

2）设计单位在收到《设计变更联系单》后，一般设计变更 5 日内出具《设计变更审批单》，重大设计变更 10 日内出具《设计变更审批单》。

3）如设计单位对变更存在异议，应在收到《设计变更联系单》后 2 日内书面答复意见；建设管理单位如无意见，按原设计方案执行；如有异议，建设管理单位应在 2 日内组织设计、施工、监理等相关单位召开设计变更专题会，以会议纪要形式明确最终处理意见。如不同意变更，则终止变更流程；如同意变更，则设计单位在 5 日内出具《设计变更审批单》。建设管理单位、施工单位等相关单位均不得在未取得设计单位同意意见前擅自实施变更。

（2）设计原因引起的设计变更。由业主项目部在周监理例会上明确后，一般设计变更由设计单位 5 日内出具《设计变更审批单》，重大设计变更由设计单位 10 日内出具《设计变更审批单》。

（3）在收到《设计变更审批单》后，业主项目部应及时通知相关单位，由建设管理单位组织各参建单位 2 个工作日内完成审核，出具审核会纪要；建设管理单位分管领导签发后由业主项目经理将《会议纪要》与《重大设计变更（签证）信息上报表》报公司建设部审批。

（4）对于采用初步设计图纸招标的项目，因开工前经建设管理单位审查的施工图纸与招标图纸发生变化，导致合同金额变化小于 ±3% 时，造价咨询单位应将情况报建设管理单位，并对增减原因进行分析，经设计单位确认后报建设管理单位批准，计入工程量清单复核及调整中；导致合同金额变化超过 ±3%（含）时，设计单位出具"图纸变化专项说明"，由建设管理单位组织各参建单位 2 个工作日内完成审核，出具审核会纪要，建设管理单位分管领导签发后按重大设计变更流程报公司建设部审批。

（5）设计变更分级审批程序。

1）20 万（含 20 万）～50 万重大设计变更，在各省电力公司建设部建设处负责人与技经处负责人分别审定后（必要时组织预审），由建设部分管技经领导完成审批。

2）50 万（含 50 万）～200 万重大设计变更，由各省电力公司建设部技经处组织召开重大设计变更与现场签证预审会，建设部相关处室根据需要参加，建设管理单位部门负责人、设计单位设计中心负责人及相关人员参加；

预审完成后经建设部部务会审议通过后，由建设部分管技经领导完成审批。

3）200万及以上或技术方案发生重大变化的重大设计变更以及上述第（四）款中导致合同金额变化超过 ±3%（含）的"图纸变化专项说明"，由各省电力公司建设部委托经研院评审中心进行重大设计变更预审，预审通过后以公文形式出具预审会议纪要；预审完成后经建设部部务会审议通过，由建设部分管技经领导完成审批。

4）单项变更金额200万及以上且与中标合同金额相比相差 ±10% 及以上的重大设计变更，建设管理单位分管领导须向各省电力公司进行专题汇报。

（二）现场签证管理流程

针对紧急情况、管理实际需要或建设进度需要的下列特殊情况采取以下管理流程（见图5-2）。

（1）如发生现场紧急情况，监理单位认为将造成人员伤亡或危及项目法人权益时，监理单位直接发布处理指令进行处置而引起的现场签证，在事发后14日内补办完成审批程序。

（2）根据管理实际需要，对工程现场进行签证，由各省电力公司建设部以公文形式明确和部署后，建设管理单位可依据文件要求开展相关工作，相关签证流程根据各省电力公司文件具体要求执行。

（3）根据工程建设进度实际需要，建设管理单位可在各省电力公司建设部组织召开的调度会上提出签证申请，汇报签证事由及预计金额，经会议审议同意后，建设管理单位可同步开展相关工作，并在会后14日内完成签证审批手续。

除上述特殊情况以外的其他现场签证，按以下常规现场签证管理流程办理。

（1）签证提出后，签证提出单位应及时通知相关单位，由业主项目经理2日内组织各参建单位（含造价咨询单位）在监理例会或造价例会进行技术经济分析，造价咨询单位对现场签证费用进行初步审核，形成监理或造价会议纪要。

（2）出具纪要后，由建设管理单位组织各单位5日内完成审核，签署《现场签证审批单》。一般签证由建设管理单位在参建单位完成会签后的3日内完成审批。重大签证由建设管理单位在参建单位完成会签后的3日内完成审核，出具审核会纪要。由建设管理单位分管领导签发后由业主项目经理将《会议纪要》与《重大设计变更（签证）信息上报表》报各省电力公司建设部审批。

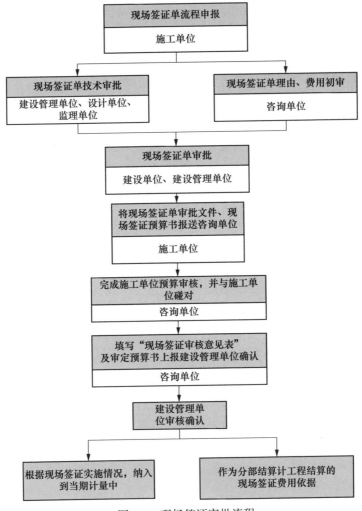

图 5-2 现场签证审批流程

（3）现场签证分级审批程序。

1）10万（含10万）～50万重大签证，在各省电力公司建设部建设处负责人与技经处负责人分别审定后（必要时组织预审），由建设部分管技经领导完成审批。

2）50万（含50万）～100万重大签证，由各省电力公司建设部技经处组织召开重大设计变更与现场签证预审会，建设部相关处室根据需要参加，建设管理单位部门负责人、造价咨询单位业务负责人及相关人员参加；预审完成后经建设部部务会审议通过后，由建设部分管技经领导完成审批。

3）100万及以上重大签证，由各省电力公司建设部组织经研院技经中心进行重大签证预审，预审通过后以公文形式出具预审会议纪要；预审完成并经建设部部务会审议通过后，由建设部分管技经领导完成审批。

4）单项签证金额100万及以上且与原合同金额相比变化±10%及以上的，建设管理单位分管领导须向各省电力公司进行专题汇报。

建设管理单位、设计单位和监理单位在对施工单位提交的现场签证进行审核时，应判断现场签证是否涉及设计文件变化；如有，则应按设计变更相关规定执行。在报建设部审批后发现以签证代替设计变更情形，建设管理单位、设计单位和监理单位承担相应考核责任。

（三）常见变更签证管理

若验收单位依据相关规定需更改设计方案或增加相关工程量，原则上应在可研评审、初设评审阶段提出。若在工程竣工验收阶段提出，须由验收单位依据相关规定书面提出相关意见（盖单位公章），由建设管理单位组织验收、设计、施工等参建单位共同审议后，进入变更签证审批流程。

采取保护性施工的工程要在实施前做好策划，编制保护性施工方案，最大限度取得政府支持，收集整理政府部门关于组织实施保护性施工的相关佐证材料作为签证依据；保护性施工过程中要收集现场照片、施工日志、施工资料、监理日志、监理资料等佐证材料，确保签证实证材料满足变更签证以及计量、结算要求。

增加隧道注浆原则上按设计变更方式处理。业主项目部在上报设计变更前，要组织召开专家论证会，专家论证会由业主项目经理组织，设计、施工、监理等参建单位必须参加，会议达成一致意见后，由设计出具设计变更方案报建设管理单位审核。实施过程中监理单位要做好旁站和实测实量记录，为结算提供准确数据支撑。

土（石）方工程量在施工过程中发生变化的，合同有约定的，参照合同约定执行，合同无约定的，应及时办理签证。土（石）方运输距离须采用公共电子地图平台进行路径计算确认，并附土（石）方外弃点堆放过程照片。相关施工日志、监理日志、施工过程资料、施工验收资料中关于工程量的记录应能相互验证，确保工作量的真实性。工程量实施过程中的照片、视频等，作为工程量确认的辅助资料应保存完好。

四、分部结算

分部结算是指依据施工合同约定，结合工程形象进度、施工转序、分部工程完成节点，在建设过程中对施工现场已完工的单项工程、单位工程或分部工程进行价款预结算的活动。

开展输变电工程分部结算，可推进各专业协同，优化结算管理流程，促使结算工作节点前移，促进工程款支付，减轻施工单位资金垫付压力；督促设计变更、现场签证和已完工程量及时签认，确保隐蔽工程结算准确性，实现"工完、量清、价实"，提高结算工作效率。

（一）分部结算节点与时效

分部结算可采用按固定周期或按工序节点两种方式开展。按固定周期是指按月、季度等定期开展已完工程量、价确认的方式。根据要求：输变电工程开工后须开展过程分部结算，以至多3个计量期为周期开展一次分部结算（工期不足3个计量期的可直接进行竣工结算）。

按工序节点是指根据工程建设特点、关键时序、形象进度和主要转序环节开展已完工程量、价确认的方式。各工程一般可按下列节点进行划分：

（1）新建变电（换流站）工程可分为四通一平、地基处理、其他与站址相关单项工程、主辅生产建筑、电气安装、电气调试等节点。

（2）架空线路工程可分为基础工程、杆塔工程、架线及附件工程等节点。

（3）电缆工程可分为建筑工程、电缆安装及电缆调试等节点。

（4）变电工程及电缆工程原则上应在建筑工程转序后开展一次分部结算，架空线路工程原则上应在基础施工转序后开展一次分部结算，均需监理单位提供相应工程形象进度证明。当次分部结算应在下次分部结算开始前完成，工作界面不得交叉。

分部结算以预定案表（见附录N）为完成标志性成果文件，须与分部结算截止的计量周期计量工作同时完成。分部结算与结算复核不一致的，以结算复核为准。

（二）分部结算管理流程

建设管理单位根据分部结算节点划分原则，综合考虑工程建设里程碑计划、工程规模及外部建设环境等因素，合理编制分部结算计划。

施工单位应按照分部结算计划完成分部结算资料的编制并提交业主项目部审核。分部结算资料包括分部工程量计算书、工程费用明细、新组单价依据性资料、设计变更、现场签证及其他支撑性资料。

业主项目部组织设计、监理、施工、结算审核单位完成对施工单位报送分部结算资料的会审，逐一对结算依据的合法性、合规性、准确性、专业性进行审查，严禁采用未经批准或会签的文件、纪要、通知，严禁采用与现场实际不符的资料，避免后期结算纷争，降低审计风险。

业主项目部针对施工工程量的变化组织设计、监理、施工、结算审核单位进行五方签认，对设计变更及现场签证进行审定汇总；编制《分部结算定案表》，提交建设管理单位进行审核确认。

设计、监理及结算审核单位应提升责任到位意识，及时参加业主项目部组织的分部结算会审，对施工单位上报的分部结算文件进行审核，审核分部结算工程量准确性、费用计列合理性，按照业主项目部要求提出具体的书面审核意见。建设管理单位对分部结算文件进行审核确认，并按有关要求做好分部结算资料保存归档工作。

第三节　管　控　要　点

一、合同管理

（1）做好合同造价条款交底工作。第一次工程例会上业主项目部应向参建各方进行合同造价条款交底，重点对施工范围、投标人采购材料范围、价格调整、计量与支付、履约要求及违约责任等内容进行解读，确保现场人员充分理解合同造价有关条文。

（2）跟踪检查合同履约情况。建设过程中参建各方应严格履行合同条款，遇到重大争议问题或现场环境发生变化，业主项目部或监理项目部应组织专题会议进行协调，根据实际情况由建设管理单位及时向省级公司沟通汇报解决。应评价设计、监理和施工合同履约情况，根据合同相关条款加强考核。

二、签证变更

（1）设计变更与现场签证必须"先审批后实施""一事一签审"，不得未经审批擅自实施变更签证。

（2）不得将由同一变更事项引起的设计变更拆解为多个设计变更。

（3）不得以施工图版本升级等方式规避办理设计变更审批手续。

（4）分部结算周期内发生的设计变更与现场签证须计入当期分部结算中，不得将超期办理的设计变更与现场签证纳入竣工结算。

（5）工程投产后到竣工结算阶段不再审批设计变更与现场签证，与验收投产相关的变更签证可在投产后 7 日内完成审批；如因特殊原因需履行审批手续的需由建设管理单位等相关责任单位落实相关考核责任的前提下，报各省电力公司建设部予以审批。

三、分部结算

（1）分部结算应以施工图为依据，对现场实际发生工程量进行准确计量，按照招投标文件及合同约定的工程价款调整原则进行组价，确保工程现场量、价管控到位，坚决防止高估冒算，做到"量准价实"。

（2）分部结算需重点加强隐蔽工程量的及时确认，对土石方、地基处理等隐蔽工程，分部结算时要根据图纸、地勘报告、地基验槽记录、自然地面测量标高方格网、开挖后的地面测量标高方格网、打桩记录、验孔记录、机械进出场记录、监理日志、施工日志等依据性资料相互校核。

（3）分部结算应以施工图预算为造价控制依据，工程量应与施工图预算量进行比对校核，对工程量重大偏差进行原因分析，加强施工图编制深度管理，提升设计质量。

（4）设计变更、现场签证应在对应分部结算启动之前，按照《国家电网公司输变电工程设计变更与现场签证管理办法》完成审批。否则，不纳入分部结算及工程结算。由于特殊原因无法完成的（如线路改线），业主项目部应出具证明，可将该设计变更或现场签证调至下阶段分部结算。

（5）分部结算应重点关注交叉施工中交接面工程量的确认，由于交叉施工导致的未完成工作量可延续至下一阶段进行结算，严禁预估未完工程量，防止未完先结。业主项目部应在结算资料中进行说明提示，避免下一阶段分部结算漏项或重复计列。

第六章

竣 工 阶 段

第一节 管 理 依 据

竣工阶段管理依据如表 6-1 所示。

表 6-1　　　　　　　　　竣工阶段管理依据

序号	文号	文件名称
1	基建技经〔2018〕96 号	国家电网公司基建部《关于加强输变电工程分部结算管理的实施意见》
2	基建技经〔2019〕29 号	国家电网公司基建部《关于印发〈输变电工程概算预算结算计价依据差异条款统一意见（2019 年版）〉的通知》
3	京电建设〔2021〕6 号	国网北京市电力公司《关于印发〈2021 年输变电工程"三算"（概算、预算、结算）精准管控实施方案〉的通知》
4	京电建设〔2020〕92 号	国网北京市电力公司《关于实施基建工程结算管理高质量提升若干机制与措施的通知》
5	京电建设〔2020〕57 号	国网北京市电力公司《关于印发〈国网北京市电力公司 35kV 及以上电力设施迁改工程结算管理规范（试行）〉的通知》
6	京电建设〔2020〕38 号	国网北京市电力公司关于印发《基建工程造价及技术管理成效量化考核实施细则（试行）》的通知
7	京电建设〔2019〕108 号	国网北京市电力公司《关于实施输变电工程造价管理高质量提升"4+30"机制与措施的通知》
8	建设便函〔2021〕3 号	国网北京市电力公司建设部《关于规范基建工程竣工结算审批请示报告格式的通知》

第二节 工 作 内 容

竣工阶段是全面考核建设工作和造价控制的关节环节，通过对竣工阶段造价资料收集，实现工程造价的规范、有效控制。在竣工阶段，技经主要涉及的工作是结算管理及造价量化考核。

一、竣工结算管理

（一）竣工结算范围及分工

输变电工程结算（简称"工程结算"），是指对工程发承包合同价款进行约定和依据合同约定进行工程预付款、工程进度款、工程竣工价款结算的活动。工程结算范围包括工程建设全过程中的建筑工程费、安装工程费、设备购置费和其他费用等。

1. 结算范围

各省电力公司系统投资的 35kV 及以上输变电工程（含新建变电站同期配套 10kV 送出线路工程）的结算管理工作。

2. 职责分工

（1）各省电力公司建设部负责工程结算归口管理。

（2）建设管理单位作为责任主体全面负责工程结算工作，工程业主项目部负责具体落实工程结算管理要求并完成结算任务。

（3）各造价咨询单位负责在建设管理单位组织下，落实现场过程造价控制工作规范和要求，规范、高效开展现场造价控制和工程结算工作。

（二）竣工结算管理流程

竣工结算管理流程如图 6-1 所示。

工程投产前一个月向各参建单位提示结算启动工作（见附录 O）。

发展、运检、科信和财务等相关管理部门在输变电工程竣工投产后 15 日内，应向业主项目部提供可研、环评、生产准备及建贷利息等费用结算资料，物资管理部门在输变电工程竣工投产后 15 日内，向业主项目部提供设备材料台账、采购合同等物资采购费用结算基础资料，业主项目部收集上报工程结算资料，建设管理单位组织编制完成全口径结算报告（包含单项工程结算报告、物资结算报告；迁改工程不需要提供全口径结算报告），并报送各省电力公司建设部完成审批，同时建设管理单位向建设部申请具备项目 ERP 系统结

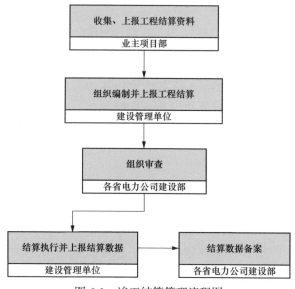

图 6-1　竣工结算管理流程图

算节点关闭操作的条件（见附录 P）。

（三）竣工结算完成时间要求

以竣工验收签证书注明的竣工投产时间为结算起始时间。

（1）220kV 及以上输变电工程 90 日内完成结算。

（2）110kV 及以下输变电工程 54 日内完成结算。

（3）迁改工程 60 日内完成结算（不分电压等级）。

二、造价资料归档

（一）归档内容

造价归档资料包括但不限于工程各类合同或协议书、中标通知书、招标文件及投标文件施工图纸、竣工验收报告、批准概算、经审查的施工图预算、分部结算资料、设计变更及现场签证、监理日志、施工日志、甲供设备材料结算资料等。

（二）归档要求

（1）现场造价资料管理遵循"谁形成、谁负责"原则，监理、设计、施工等单位在工程竣工投运后 3 个月内提交归档资料。

（2）现场造价资料为原件，内容必须真实、准确。现场造价资料字迹清楚、图样清晰、图表整洁，签字盖章手续完备。

（3）业主项目部负责收集、整理并向档案管理部门移交。

三、"三算"对比分析

（一）"三算"管控范围及总体思路

纳入各省电力公司年度投资计划的所有 35kV 及以上新建、扩建输变电工程均要进行"三算"对比分析。各建设单位要按项目（单个工程）、按季度（多个工程）进行"三算"精准管控。

"三算"管理工作以"五精准"（即程序精准、依据精准、资料精准、现场管控精准、审核把关精准）为目标，抓实"五阶段"（即初设、施工图和招投标、施工、结算、分析评价）精细管控，合理设置"三算"管控目标指标区间，针对工程四类费用，由静态分析（结果分析）转向动态分析（过程分析），全过程加强"量价费"动态分析与管控，实现工程造价高质量精准管控。

（二）"三算"管控方式

公司在概算、预算、结算三个阶段，对输变电工程和单项工程（变电站、架空线路、电缆线路）整体及单项工程的四类费用（建筑工程费、安装工程费、设备购置费、其他费）以及重要设计方案等方面进行管控。管控分为设置目标指标区间管控和采取重点措施管控两种方式。

1. 设置目标指标区间管控

在概算、预算、结算三个阶段，分别设置造价管理目标指标区间（即该阶段费用较上一阶段费用的变化率）。当实际变化率超过设置变化率时触发预警，相关单位按职责启动管控机制。变化率设置原则：

（1）输变电工程和单项工程整体及单项工程的建筑工程费、安装工程费、其他费（不含建场费），均设置"概算较估算""预算较概算""结算较预算"三种变化率（变化率具体指标区间详见实施方案）。

1）输变电工程整体。针对输变电工程整体，设置目标指标区间（见表 6-2）。

表6-2　　　　　　　　　　输变电工程目标指标区间

费用管控区间	（估算—概算）/估算	（概算—预算）/概算	（预算—结算）/预算	备注
整体费用	0~10%	0~5%	0~5%	

2）单项工程（变电站、架空线路、电缆线路）整体。针对单项工程整体，设置目标指标区间（见表 6-3）。

表6-3 单项工程目标指标区间

费用管控区间	（估算—概算）/估算	（概算—预算）/概算	（预算—结算）/预算	备注
整体费用	0～10%	0～5%	0～5%	

3）单项工程（变电站、架空线路、电缆线路）四类费用。针对单项工程，设置建筑工程费、安装工程费、其他费（不含建场费）目标指标区间（见表6-4）。

表6-4 单项工程各类费用目标指标区间

费用管控区间	（估算—概算）/估算	（概算—预算）/概算	（预算—结算）/预算	备注
建筑工程费	0～10%	0～3%	0～3%	变电站、电缆线路
安装工程费	0～10%	0～5%	0～5%	变电站、架空线路、电缆线路
其他费（不含建场费）	0～10%	0～5%	0～5%	变电站、架空线路、电缆线路

注 "（概算—结算）/概算"未单独设置，其目标指标区间为相应"（概算—预算）/概算"与"（预算—结算）/预算"管控区间数值之和。

（2）单项工程的建场费、设备购置费暂不设置变化率进行管控，但如果输变电工程和单项工程整体的变化率触发预警时，上述两类费用须纳入专题分析。

2. 采取重点措施管控

在概算、预算、结算三个阶段，分别在重要设计方案、设备购置费和建场费等其他费、其他重点管控措施三个方面，建立管控措施。

（1）加强重要设计方案管控。对变电站（包括但不限于：基坑支护、地基处理、土石方、余物清理、噪声治理、给排水工程）、架空线路（包括但不限于：重要跨越、线路改造、特殊基础型式、环水保措施）、电缆线路（包括但不限于：工井数量、全断面注浆、现状隧道改造、重要穿越工程、通排照外电源、电缆长度）的重要设计方案，从建设管理、设计、评审三个维度采取措施，进行精准度管控。

（2）加强重点费用措施管控。施工图阶段要严格采用中标价进行计列，严禁概算平移。建场费要采用"一区一策"的方式，根据战略协议、投资划分协议、前期建场清单，并考虑财政资金情况进行调整。工程前期、工程建设各个阶段，概算、预算要按照最新合同额计列，严禁将上一阶段的合同数据直接平移到下一阶段。

（3）其他重点措施管控。从招标源头减少变更签证数量和金额，设置变更签证管控预警。加强现场造价控制管理，以批复的全口径施工图预算作为现场造价控制基准点，落实分部结算管理要求。进一步加强结算审核、结算复核，完善并强化结算监督全流程管理。落实建设工程全生命周期理念，基建服务后续生产运维需求。加快由目前的静态分析（结果分析）向动态分析（过程分析）转变，实现"三算"过程对比分析管理。加强造价统计分析，建立基建工程造价数据库，迭代优化"三算"管控目标指标区间设置。

四、造价管理量化考核

（一）考核对象

造价管理量化考核的对象包括各省电力公司所属各建设管理单位、设计单位、施工单位、监理单位、招标代理单位；对系统外相关设计单位、勘测单位、施工单位、监理单位、造价咨询单位、招标代理单位的考核，由建设管理单位依据实施细则及合同条款予以落实。

（二）检查范围

检查的基建工程包含 35kV 及以上输变电工程、新建变电站同期配套 10kV 送出工程、35kV 及以上电力设施迁改工程等，覆盖上述范围内各单位完成结算时间在近 2 年以内的项目，当前已投产正在结算中的项目，当前在建的项目等；必要时可拓展检查上述范围以外的项目。

（三）检查评估

依据造价管理量化考核评价标准（见附录 Q），开展相关检查。

（1）造价及技术管理专项检查：检查实施由建设部统筹协调组织开展。年初制定并公布年度专项检查计划，实现一个检查周期对建设管理单位全覆盖，每半年对在建（在结）工程全覆盖，全年实现对已完成结算时间在近 2 年以内工程全覆盖；检查计划明确由各省电力公司建设部技经处人员、经研院技经巡检人员、建设管理单位技经管理人员以及各省电力公司所属业务支撑单位、内外部工程造价咨询单位专家共同组成的专项检查组及组长，明确检查项目、重点环节及时间安排。

（2）建设管理单位自查：建设管理单位按照各省电力公司建设部制定和

发布的检查计划周期，对照评价标准提前对所管理输变电工程项目进行自查，并将自查报告以公文形式在各省电力公司专项检查开展前报送建设部。自查情况纳入对各建设管理单位的造价及技术管理量化考核计分范围。

（3）造价及技术管理成效评估：各省电力公司建设部组织经研院等相关业务支撑单位，结合上述检查情况，定期开展一次造价及技术管理成效评估，并发布阶段性评估诊断报告，及时优化、改进造价及技术管理相关措施和要求，有针对性加强对各单位的指导和服务；同时，各单位根据诊断评估报告开展专项整改和闭环反馈。

（四）检查内容

检查的内容包括但不限于以下方面：初步设计及概算编审管理，造价分析管理，施工图预算管理，技术管理，招标管理，合同管理，设计变更及签证管理，工程结算管理，工程资金管理，重点费用计列与结算管理，工程分包管理，现场造价标准化管理，综合管理等。

第三节　管　控　要　点

一、全口径结算管控

（一）工程全口径结算及时性方面

（1）严格落实三个计量周期一次分部结算，及时审批、归集当期变更签证。① 建设管理单位组织各参建单位以三个计量周期为节点开展分部结算，依据施工图准确计量现场实际发生工程量，以分部预结算预定案表为标志性成果文件；② 建设管理单位将分部结算包含的三个计量期内变更签证全部纳入当期分部结算，后续开展的分部结算不再纳入之前发生的变更签证。

（2）严格开展合同策划，确保合同签订及时性，严肃履行合同约定。① 建设管理单位、相关专业部门和单位要实施项目合同整体策划；② 各建设管理单位要建立工程总体合同台账，对合同签订、执行过程问题及时总结，定期分析，并确保合同、补充协议按项目前期、工程前期、工程建设、总结评价四个阶段及时签订，上一阶段应完成签订的，不得延迟到下一阶段签订；③ 建设管理单位加强合同履约管理，对参建单位严格按照合同约定支付款项，对未按合同履约的单位，按照合同约定进行考核。

（3）前置工程全口径程结算启动会，明确全口径结算计划及要求。① 建设管理单位按照工程竣工投产计划，结合各单项工程全口径分部结算情况，在工程投产启动会召开前 1 周内召开结算启动会，组织施工单位、监理单位、造价咨询等单位结算准备工作及所需成果性文件的提资时间节点，同步向物资公司、属地公司发起结算申请；②建设管理单位协调发展、科技等部门按照工程全口径结算需求及时向建设部门提供可研编制、环水保等结算资料，并督促生产部门及时完成生产准备费支付；③明确工程尾工处理方案，投产后不宜留有未完工程，确有未完工程时，应附相关依据文件；未完工程概算不宜超过总概算的 5%，未完工程应在竣工决算报告完成后 6 个月内建设实施完毕。

（二）工程结算质量方面

1. 做实输变电工程结算审批

建设管理单位完成全口径结算工作后，将《××输变电工程结算报告》报各省电力公司建设部审批（见附录O）。结算报告编制及审批全面应用《国家电网有限公司输变电工程结算报告编制规定》，统一规范工程量管理文件和工程结算报告，提高工程结算工作质量和效率。

2. 进一步加强工程结算复核管理

进一步提升结算复核率，建设管理单位对以下工程开展结算复核：①合同金额 200 万元以上且合同价款调整超过原合同金额 10%；②220kV 及以上工程单项合同金额额度 3000 万元以上，110kV 及以下工程单项合同额度 1500 万元以上；③未满足上述条件但根据需要有必要审核的单项工程；④其他需要审核的重点工程。

3. 细化结算节点及结算问题

建设管理单位要参照基建工程结算典型问题提示清单（见表 6-5），工程本体结算关键节点和物资结算关键节点（见表 6-6 和表 6-7），提前预判结算过程中可能遇到的相关问题，细化管控工程本体、物资结算节点，实现基建工程结算工作提质提效。

表 6-5　　　　基建工程结算典型问题提示清单

序号	典型问题	问题详述
1	工程存在尾工	工程未同期投产，存在尾工（如外立面、撤旧工作未完成等）
2	合同签订管理不规范、签订不及时，导致结算滞后	合同未及时签订（如环保监测、环保验收、水保验收、可研编制等合同签订或结算滞后）

续表

序号	典型问题	问题详述
3	变更签证管理不及时、不规范	变更签证办理不及时、数量多，后续报公司审批、办理变更审批单、变更图及概算出版、变更部分造价审核等工作所需时间挤占正常结算时间
4		未经设计单位同意私自变更设计方案或图纸，导致竣工图无法出具、变更手续签认争议等
5	批复不及时	投产后补办国网可研批复调整时间较长，导致后续初设批复调整时间顺延，影响结算补充协议签订
6	投资计划或预算不足	投资计划（工程本体或物资无预控）、财务预算影响，部分补充协议无法签订
7	特殊及外部因素	不可抗力影响（如受疫情影响，参建单位未正常返京，施工过程资料等结算支撑资料不齐，需要现场核量的无法实现，设计单位是外地设计院、复工较晚，影响"三量"核查）
8		停工、窝工、保护性施工、隐蔽工程量过程确认不及时导致结算争议较大
9		政府出资工程需经财政评审，评审时间长
10		外部资金不到位导致工程无法结算
11	施工图纸未高效支撑结算依据	施工图纸过程中版本较多，且未履行规范的变更程序，给"三量"核查工作带来较大影响
12		设计单位外委设计或系统外设计单位专项设计变更图纸滞后
13	结算计划管理及执行滞后	结算计划不明确、结算过程过长，导致失去严格管控而结算拖延
14		施工总包单位报送结算资料滞后，如专业分包结算资料报送滞后
15	物资结算滞后	物资结算过程管控不及时（如部分物资未过程中及时办理变更合同或物资结算滞后；物资调拨后，未及时办理手续）
16	前期结算滞后	本体、前期结算进度不一致，前期滞后（政府土地手续办理时间不明确、政府负责部分审核时间长等）

表6-6   **工程本体结算关键节点（10个）**

节点1	节点2	节点3	节点4	节点5	节点6	节点7	节点8	节点9	节点10
签证、变更审批单、设计变更图	结算报审	结算审定	签署定案表	结算复核	结算报告	完成补充协议签订	完成发票校验	工程资料归档及竣工图	全口径结算报告

表6-7　　　　　　　　物资结算关键节点（9个）

节点1	节点2	节点3	节点4	节点5	节点6	节点7	节点8	节点9
完成物资合同变更手续	完成两单签订及物资收货	完成发票校验	完成物资核对	完成剩余物资实物退库	提报剩余物资退库申请	提交项目物资结算申请	确认项目物资结算清单（签字盖公章）	编制物资结算报告

4. 加快财务转资工作

建设管理单位要组织设计、施工、监理等参建单位向各省电力公司档案室、运行等单位规范移交工程结算资料，及时完成工程全部费用发票校验、剩余资金支付及资产卡片建立，配合财务完成决算转资工作。

二、"预算—结算"对比分析

"预算—结算"阶段，采取"总结分析＋管控考核"方式管控。

（1）建设单位负责、造价咨询单位配合，在全口径结算完成后，开展预算、结算对比。如"预算—结算"指标未进入上述目标指标区间则触发预警，建设单位启动专题分析。预算、结算对比时，同步进行概算、结算对比。

（2）专题分析要深入研究总结"三算"管控经验与存在不足，研究制定"三算"管理提升措施，优化"三算"管控目标指标区间设置，深化"三算"精准管控长效机制。

（3）对于工程竣工后"预算—结算""概算—结算"未进入目标指标区间的，在分析明确管理责任基础上，在各省电力公司造价管理成效量化考核中兑现相关责任主体的考核。

（4）此阶段工作须于结算后30日内完成，且满足各省电力公司和建设单位季度"三算"分析会需要。

第七章

结算案例实务

第一节 变电土建专业

案例一 工程不平衡报价问题

一、背景情况

1. 工程概况

该工程为变电站土建工程，主厂房建筑面积为8058m²，地上二层，地下一层，钢框架结构，总高度约17.1m。规划总用地面积11220m²，变电站占地面积8470m²。室内正负零标高相当于绝对标高20.1m，室内外高差1.2m。

2. 招投标情况

该工程以初设图纸招标，采用工程量清单计价模式，中标单位依据2012年北京市预算定额自主报价，其中地基处理部分中标预算采用了不平衡报价策略。施工合同采用北京市住建委建设工程施工合同版本，固定单价合同形式。

3. 结算情况

该工程于2018年9月竣工，同时启动结算审核工作，建管单位委托第三方造价咨询单位进行全过程造价过程控制及结算审核。在结算过程中因地基处理是否按新增综合单价处理，引发争议（见图7-1）。

二、原因分析

1. 结算争议分析

（1）合同乙方主张：该工程招标工程量清单中地基处理清单项为"振冲碎石桩"；施工图纸中地基处理施工工艺为"复合振冲碎石桩"。合同乙方认为因此两种桩名称不同，施工图复核应补充"复合振冲碎石桩"新增综合单价。

图 7-1 变电站土建现场

（2）第三方审核单位主张：虽然初设招标阶段与施工图阶段地基处理碎石桩名称略有不同，但实质上为同一种施工工艺的不同名称。所有桩基础均为复合地基，不应因名称增加"复合"两字就机械地理解为改变了施工做法，固应执行原中标综合单价。

2. 结算原则及审核依据

对乙方结算申报的新增综合单价首先要严格依据施工合同及工程量清单计价规范对新增项目成立的合理性进行分析。因该工程施工合同采用固定单价形式，依据 GB 50500—2013《建设工程工程量清单计价规范》9.4.2 条款，承包人应按照发包人提供的设计图纸实施合同工程，若在合同履行期间出现设计图纸（含设计变更）与招标工程量清单任一项目的特征描述不符，且该变化引起该项目工程造价增减变化的，应按照实际施工的项目特征，按规范中工程变更相关条款的规定重新确定相应工程量清单项目的综合单价，并调整合同价款。所以对新增综合单价的评判标准为"项目特征描述不符"。该工程虽然为初设图纸招标，但招标工程量清单项目特征描述清晰准确，且施工图此部分未发生变化，因此新增综合单价不成立。

此外，因乙方在投标时采用了不平衡报价的策略，招标清单中"振冲碎石桩"项综合单价报价仅为正常水平 1/10。在结算过程中必定会在此处想尽一切办法提高结算价款，以期实现利润最大化。所以对于存在不平衡报价的项目结算，要进行重点关注及分析，以防合同乙方通过巧立名目新增综合单价。

3. 结算争议结果

经过结算复核会议讨论后，执行原中标综合单价，不予新增。

三、预防措施

1. 规范招标前期准备工作

使用施工图纸招标。认真审查招标图纸深度及质量，从源头上减少设计变更及新增综合单价的出现。对于基础处理等招标阶段存在不确定性的工程，应提高勘察文件质量，勘查物理点密度设置要满足工程实际需要，同时积累相同或邻近区域相关施工资料，为准确编制招标文件及拟定施工合同条款打下良好基础。此外完善设计合同相关内容，合同中要有关于因设计单位失误引发结算价款增加的考核条款。

2. 提高招标文件编制质量

结算出现新增综合单价及较大幅度造价增加，相当一部分是由于招标文件中工程量清单编制质量不高，内容不准确、不严谨造成，所以提高招标文件编制质量是做好结算工作的前置条件之一，特别是对于固定单价施工合同，不能存在招标工程量清单仅为参考，结算可按时调整的错误理解。

3. 不平衡报价的结算风险防控

在施工图复核阶段，造价咨询单位披露不平衡报价具体情况，对结算可能发生的风险进行预警分析，同时做到过程严控。

案例二 工程价差调整问题

一、背景情况

1. 工程概况

该工程为变电站土建工程，建筑面积 3384m²，其中主厂房建筑面积为 3220m²，泵房建筑面积为 164m²，主厂房为地上二层，地下一层，钢框架结构，总高度约 11.3m。规划总用地面积 4587m²，变电站占地面积 4455m²。室内正负零标高相当于绝对标高 29.4m，室内外高差 1.1m。

2. 招投标情况

该工程以施工图设计图纸招标，采用工程量清单计价模式，中标单位依据 2012 年北京市预算定额自主报价。施工合同采用北京市住建委建设工程施工合同版本，固定单价合同形式。

3. 结算情况

该工程于 2019 年 12 月竣工，同时启动结算审核工作，建管单位委托第三方造价咨询单位进行全过程造价过程控制及结算审核。在结算过程中因施工合同中对物价波动引起的价格调整方法约定不明，引发争议（见图7-2）。

图 7-2 变电站楼体

二、原因分析

1. 结算争议分析

（1）本工程单价调整方法采用算数平均法。采用各期计量实际发生的人材机的造价信息或确认价算数平均法进行计算。因承包人原因跨期申报计量的，结算调整时按照跨期的最低造价信息价进行算数平均。

1）引起价格调整的物价波动风险范围：主要材料（仅限于钢筋、预拌混凝土）及人工价格（仅指分部分项及单价措施项目清单中的人工）。

2）引起价格调整的物价波动风险幅度：±6%（含±6%）。

（2）合同乙方主张：①因施工合同仅约定人工费按信息价调整，未约定上下限，施工单位报审结算人工费调差全部按最高限进行调整；②因施工期价格波动，工作量较大的时间段对应信息价较高，施工单位报审结算主材及人工价差全部按各期计量分别调整。

（3）第三方审核单位主张：①本着节约建设资金的原则，人工费调差按信息价最低限进行调整；②避免工作量较大的计量周期价差调整较高，统一按施工期各月平均价调整，跨期计量按其中最低价参与平均。

2. 结算原则及审核依据

因物价波动引起价格调整方法应按合同约定执行，合同中除了应明确调整范围及幅度值外，对调整方法要具体说明，并具有可操作性。该工程对调整范围及幅度值约定较清晰，但对调整方法的约定不详细。以上情况在结算审核时必定会发生相互扯皮问题，致使双方不能协商一致，拖延审核进度。

以上情况在结算审核过程中遵循既要讲原则，又要实事求是，做到既合法又合情理。在可处理的范围内，综合考虑提出折中方案，使甲乙双方及早走出困境，提高结算效率。

3. 结算争议结果

经过结算复核会议讨论后，结算按以下方式执行：① 人工费调差按信息价下限水平调整。② 统一按施工期各月平均价调整。

三、预防措施

（1）规范化管理合同流程，应用招标文件范本及合同范本。

针对招标文件及施工合同条款，建管单位要总结既往经验，对合同中易发的争议环节进行详尽的研究，确保周密、完善及可操作性。并以此为基础，制定招标文件范本及合同范本供后续使用，从本质上加强合同管理水平。同时在签订补充协议时，要严格依照相关法律流程进行，不能对原合同中的实质性条款进行更改。

（2）对招标文件范本及合同范本进行动态修正管理。

由于施工的复杂性，过程中的变化往往会超出事前的计划，所以不能错误地认为招标文件范本及合同范本就可以涵盖所有可能发生的情况。这就需要建管单位及时对每个工程施工合同执行情况进行分析总结，调整补充招标文件及施工合同条款，更新范本，规避合同管理风险。

结合该案例情况，变电站土建工程"因合同中对物价波动引起价格调整方法"建议做如下约定。

1）合同施工期市场价格的确定方法：以施工期的造价信息价格为准，人工费有上下限的以中线价格为准。造价信息价格缺项时，以发包人、承包人共同确认的价格为准。

2）价格调整方法采用算数平均法：钢筋、混凝土按结构主体施工期造价信息价格的算术平均值，人工费按整体施工期造价信息价格的算术平均值。主要材料和机械市场价格的变化幅度小于或等于合同中约定的价格变化幅度时，不作调整；变化幅度大于合同中约定的价格变化幅度时，应当计算超过部分的价格差额，其价格差额由发包人承担或受益。人工市场价格的变化幅度小于或等于合同中约定的价格变化幅度时，不作调整；变化幅度大于合同中约定的价格变化幅度时，应当计算全部价格差额，其价格差额由发包人承担或受益。

第二节 变电电气专业

案例 工程量清单中工程量给定不准确问题

一、背景情况

1. 工程概况

该工程安装 110/10.5 50MVA 三相双绕组油浸自冷式有载调压变压器 2 台，每台变压器补偿 10kV 电容器，容量分别为 6012kVar 和 4008kVar，均串 12% 电抗器。10kV 出线 28 回。110kV 联络电缆。站内电气二次综合自动化保护安装。土建改造工程。

2. 招投标情况

该工程以施工图设计图纸招标，招标时间为 2018 年 2 月，采用工程量清单计价模式，清单采用《输变电工程工程量清单计价规范》（Q/GDW 11337—2014）；中标单位依据《2013 年版电力建设工程定额估价表》进行投标报价；施工合同采用国家电网公司施工合同版本，固定单价合同形式。

3. 结算情况

该工程于 2018 年 6 月竣工，同时启动结算审核工作，建管单位委托第三方造价咨询单位进行全过程造价过程控制及结算审核。在结算过程中因招标清单中"带形母线"工程量计量问题，引发争议。

二、原因分析

1. 结算争议分析

招标工程单清单中工程量为 180m，施工图纸为 180m，每相含三片。结算时，施工单位意愿按照招标开列 180m 计入（见表 7-1）。

表 7-1   **工程单清单中带形母线工程量**

项目编码	项目名称	项目特征	计量单位	工程量
BA2108C16001	带形母线	（1）电压等级：10kV。 （2）单片母线型号规格：TMY-125*10。 （3）每相片数：3片。 （4）绝缘热缩材料类型、规格：绝缘热缩带	m	180.00

2. 结算原则及审核依据

根据《变电工程工程量计算规范》（Q/GDW 11338—2014）带形母线计算规则：按照设计图示单相中心线延长米计算，不扣除附件所占长度，结算应按照单相延长米计算，每相含三片，单相长度应为 180/3=60m；结算应按照 60m 计入。

3. 结算争议结果

经过结算复核会讨论后，结算按以下方式执行：① 根据《变电工程工程量计算规范》（Q/GDW 11338—2014）带形母线计算规则：按照设计图示单相中心线延长米计算，不扣除附件所占长度；结算应按照单相延长米计算，每相含三片，单相长度应为 180/3=60m；结算应按照 60m 计入；② 因主要招标工程量开列错误，根据《输变电工程工程量清单计价规范》（Q/GDW 11337—2014）10.6.2 "对于任一招标工程量清单项目，如果因本条规定的工程量偏差和第 10.3 条规定的工程变更等原因导致工程量偏差超过 15% 时，可进行调整，调整的原则为：当工程量增加 15% 以上时，其增加部分的综合单价应予以调低；当工程量减少 15% 以上时，减少后剩余部分的工程量的综合单价应予以调高"，工程量由 180m 调为 60m，综合单价应据实调整，予以调高。

三、预防措施

（1）招标代理机构应严格执行《输电线路工程工程量计算规范》（Q/GDW 11339—2014）编制招标清单，提高招标文件编制质量，避免招标清单量给定不准确，减少后续结算争议；

（2）可采取经第三方造价审核单位对招标清单及控制价的复核审查来提高招标清单及控制价的质量。

第三节 送电架空部分

案例一 竣工图问题

一、背景情况

1. 工程概况

某 110kV 架空线路迁改工程，架线 7km，组立杆塔 15 基。

2. 招投标情况

该工程为施工图纸招标，招标方式为工程量清单计价模式，采用《输变电工程工程量清单计价规范》（Q/GDW 11337—2014）清单规范，施工合同采用固定单价合同形式。

3. 结算情况

结算完成后因"施工图加变更工程量与实际竣工图差异"问题引发审计争议。

二、原因分析

1. 争议分析

该工程结算阶段依据施工图工程量加设计变更及签证工程量进行计算全部工程量，并顺利完成结算工作。后期审计公司进行结算审计依据竣工图纸进行工程量核对发现，结算工程量与竣工图纸工程量不一致，要求扣减工程款。施工方及审核单位认为工程量计算依据充分且与现场实际发生量一致，不应核减工程款。

2. 结算原则及审核依据

依据施工合同，该工程为清单模式计价的单价合同，结算工程量应按施工图纸工程量与设计变更及现场签证工程量的总和进行调整。

三、预防措施

应加强对竣工图纸内容的监督管理，确保工程实施过程中的设计变更及现场签证内容均如实反映到竣工图纸上，才能保证工程资料的完整统一性；加强对竣工资料时间的管理，应在竣工后及时完善竣工资料，才能保证结算工作能顺利开展以及结算内容的准确有效。

案例二 跨越河流计入问题

一、背景情况

1. 工程概况

新建线路长 57km，全线采用同塔双回路架设。导线为 $4 \times$ JL3/G1A-630/45 钢芯高导电率铝绞线，两根地线均采用 24 芯 OPGW-150 光缆。

2. 招投标情况

该工程以初设图纸招标，招标时间为 2016 年 6 月，采用工程量清单计价模式，清单采用《输变电工程工程量清单计价规范》(Q/GDW 11337—2014)；中标单位依据《2013 年版电力建设工程定额估价表》进行投标报价；施工合同采用国家电网公司施工合同版本，固定单价合同形式。

3. 结算情况

该工程于 2017 年 11 月竣工，同时启动结算审核工作，建管单位委托第三方造价咨询单位进行全过程造价过程控制及结算审核。在结算过程中因招标清单中"跨越河流"工程量计价问题，引发争议。

二、原因分析

1. 结算争议分析

某线路工程设计说明中跨越河流 8 处，但河流未有相关宽度，而招标清单中按照河宽 150m 以内进行开列，实际图纸中未标注宽度，应复核确认后，实际为河宽 50m，施工单位意愿 50m 也属于 150m 以内，应按照原投标报价计入（见表 7-2）。

表 7-2 招标清单中交叉跨越工程量

项目编码	项目名称	项目特征	计量单位	工程量
SD4102D15010	交叉跨越	（1）被跨越物名称：河流（150m 以内）。 （2）在建线路单侧导线最大水平排列相数：1 相	处	1

2. 结算原则及审核依据

根据《输电线路工程工程量计算规范》（Q/GDW 11339—2014）交叉跨越计算规则：按照设计图示数量计算。注 2：河流宽度步距可参照定额步距描述；根据《电力建设工程预算定额—输电线路工程》，跨越河流步距分为 50m 以内、150m 以内等，对于 50m 以内应重新组价。

三、预防措施

招标代理机构应严格执行《输电线路工程工程量计算规范》（Q/GDW 11339—2014），项目特征描述河宽时可根据定额河流步距描述，例如可描述为河宽 50m 以内（包含 50m 以内），河宽 50～150m 以内（包含 150m）。

第四节 电缆沟道部分

案例 **工程量偏差导致单价调整问题**

一、背景情况

1. 工程概况

该工程为沟道土建工程，其中断面 2.6m×2.4m 明开隧道 196.8m，断面 2.6m×2.9m 单孔暗挖隧道 622.4m；明开直线井 1 座，$\phi5.2m$ 暗挖竖井 5 座，$\phi8.5m$ 暗挖三通井 1 座；通风亭 2 座，接地装置 2 组；全断面帷幕注浆加固 338m（含竖井）。

2. 招投标情况

该工程以初设图纸招标，采用工程量清单计价模式，中标单位依据 2012 年北京市预算定额自主报价。施工合同采用北京市住建委建设工程施工合同版本，固定单价合同形式。

3. 结算情况

该工程于 2017 年 10 月竣工，同时启动结算审核工作，建管单位委托第三方造价咨询单位进行全过程造价过程控制及结算审核。因该工程为初设招标，实际施工图纸中有 182m 明开隧道改为暗挖隧道。经第三方造价咨询单位审核，"初衬喷射混凝土"清单项工程量增加超过原合同工程量 15%，需要调低超过部分综合单价，但合同乙方不予认可，由此引发争议（见图 7-3）。

图 7-3　电缆头

二、原因分析

1. 结算争议分析

施工合同有关条款约定如下：

施工合同 15.4.5 条约定，采用单价合同形式时，因非承包人原因引起已标价工程量清单中列明的工程量发生增减，且单个子目工程量变化幅度在 ±15% 以内（含）时，应执行已标价工程量清单中列明的该子目的单价；单个子目工程量变化幅度在 ±15% 以外（不含），且导致分部分项工程费总额变化幅度超过 ±1% 时，由承包人提出并由监理人按第 3.5 款商定或确定新的单价。

（1）合同乙方主张：该工程为固定综合单价合同，且图纸变化为非承包人原因引起，合同对于该项也没有明确具体调整方法，因此不应调整该清单综合单价。

（2）第三方审核单位主张：依据施工合同，"初衬喷射混凝土"清单项工程量增加已超 15% 且分部分项工程费总额增加超 1%，应严格执行施工合同条款，对超过部分工程量对应综合单价调低。

2. 结算原则及审核依据

依据施工合同约定，单个子目工程量变化幅度在 ±15% 以外（不含），且导致分部分项工程费总额变化幅度超过 ±1% 时，由承包人提出并由监理人按第 3.5 款商定或确定新的单价。但在实际结算中，当出现新增综合单价需要调低的情况，承包人往往不按合同约定申报，多数情况下按中标单价申报。这就需要第三方审核单位在充分领会合同内容及现行规范的基础上灵活运用，并有理有据说服承包人。GB 50500—2013《建设工程工程量清单计价规范》第 9.6.2 条作了明确的规定，对于任一招标工程量清单项目，当因本节规定的工程量偏差和第 9.3 节规定的工程变更等原因导致工程量偏差超过 15% 时，可进行调整。当工程量增加 15% 以上时，增加部分的工程量的综合单价应予调低；当工程量减少 15% 以上时，减少后剩余部分的工程量的综合单价应予调高。

3. 结算争议结果

经过结算复核会议讨论后，清单项"初衬喷射混凝土"图纸工程量超招标工程量 15% 以外的部分，综合单价予以调低。具体调整方法为："依据《2013 建设工程计价计量规范辅导》66 页，与招标控制价相联系进行调整，当 P_0（中标综合单价）$>P_2$（招标控制价综合单价）$\times$（1+15%）时，P_1（重新调整后综合单价）$=P_2\times$（1+15%）进行调整"。

三、预防措施

1. 提升设计工作质量，事前控制新增单价

使用施工图纸招标，避免出现"边设计，边施工"的情况。认真审查招标图纸深度及质量，尽量做到图纸与实际施工相符合，从源头上减少工程量偏差过大的情形出现。如因客观原因，确实在施工阶段出现工程量增减较大的情况，应在事前合理确定工程造价，特别是调整后的综合单价，避免出现结算扯皮的情况。

2. 规范招标阶段工作，严格控制清单控制价编制质量

结算过程中出现工程量偏差过大的情形，很大一部分是由于招标阶段清单编制时算量不准确引起的。因此严格把控清单工程量编制的准确性可以从源头上减少工程量偏差过大的情况出现。此外完善招标代理合同相关内容，合同中要有关于因代理机构造价人员失误引发工程量偏差过大的惩罚条款，以此增强代理机构造价人员的责任意识。

3. 对招标文件及合同进行动态修正管理

针对招标文件及施工合同条款，建管单位要总结既往经验，对结算中易发的争议环节进行详尽的研究，确保周密、完善及可操作性。如该工程招标文件及合同条款中只约定了工程量偏差调整的条件，但是具体如何调整没有明确约定，在确定调整后的单价时易出现扯皮现象。结合该案例情况，合同条款 15.4.5 可具体明确工程量超 ±15% 时综合单价的具体调整办法。而现有合同条款中由"监理人与承包人进行商定"，在实际工作中没有指导意义。

综合单价的调整办法可参考清单计价规范操作指南，也可约定一个调整

数值，如"当工程量增加 15% 以上时，增加部分的工程量的综合单价应予调低 3%；当工程量减少 15% 以上时，减少后剩余部分的工程量的综合单价应予调高 3%"。

第五节 电缆电气专业

案例一 工程量确认量与施工图不符问题

一、背景情况

1. 工程概况

某 220kV 电缆线路工程，敷设双回电缆 3.678km。

2. 招投标情况

该工程为初设图纸招标，招标方式为工程量清单计价模式，采用企标 2014 版清单规范，施工合同采用固定单价合同形式。

3. 结算情况

结算过程中因"电缆支架工程量确认量与施工图不符"问题引发争议。

二、原因分析

1. 结算争议分析

电缆安装工程中电缆引上支架、接头托架等属于安装工程范围内的支架，设计图纸中均未明确标明样式及尺寸，设计上只是采用通用图集方式体现，需在施工时依据现场情况选择、布置。现场施工时办理了由建设、监理、施工三方确认的工程量确认单，但现场确认结果与设计通用图纸给定范围不符或与设计图纸给定数量不符，施工方认为确认了多少就应据实调整，但审核方认为这种问题应由设计进行确认后方能计入结算。

2. 结算原则及审核依据

此问题属于改变设计方案，依据《国家电网公司输变电工程设计变更与现场签证管理办法》应办理现场签证，由参建各方进行确认方可实施并计入结算。

三、预防措施

加强对施工过程管理，确保严格执行设计方案，不能任由施工方现场发挥。出现设计方案无法实施情况，应严格履行设计变更与现场签证审批手续，避免先实施后审批情况发生。

案例二 撤旧物资

一、背景情况

1. 工程概况

某110kV电缆线路工程，敷设双回电缆1.65km。

2. 招投标情况

该工程为施工图纸招标，招标方式为工程量清单计价模式，采用《输变电工程工程量清单计价规范》（Q/GDW 11337—2014）清单规范，施工合同采用固定单价合同形式。

3. 结算情况

结算过程中因"电缆撤旧物资的相关采购、运输、试验费用"问题引发争议。

二、原因分析

1. 结算争议分析

该工程招标范围内包含拆除旧电缆并运至甲方指定仓库的工作内容，施工方结算时要求根据实际发生的电缆盘采购、实际运输使用机械设备台班、接收旧电缆库房要求的相关试验等内容计入结算。审核方认为，招标范围已包括此部分内容，施工方应在投标报价内考虑此部分费用，不应在结算阶段要求增加费用。

2. 结算原则及审核依据

依据施工验收相关规程，旧电缆应装盘运输，电缆退库应提供电缆试验合格报告，故这些内容均应在招标时进行考虑，不应再结算阶段增加费用。

三、预防措施

招标阶段应加强对招标清单及招标限价的审核，撤旧物资应有明确列项及相应费用，需准确标明所包含的工作内容包括电缆盘采购及旧电缆相关试验，撤旧退库应明确告知退库具体位置或运输距离。让投标单位能准确计算相关费用，减少结算阶段的争议。

案例三 电缆头局放试验描述不清晰问题

一、背景情况

1. 工程概况

该工程为新建 110 千伏双回电缆线路工程，电缆长度为 25812m，电缆型号为 ZC-YJLW02-64/110kV-1×800mm²。

2. 招投标情况

该工程以施工图设计图纸招标，招标时间为 2018 年 7 月，采用工程量清单计价模式，清单采用《输变电工程工程量清单计价规范》（Q/GDW 11337—2014）；中标单位依据《2013 年版电力建设工程定额估价表》进行投标报价；施工合同采用国家电网公司施工合同版本，固定单价合同形式。

3. 结算情况

该工程于 2019 年 7 月竣工，同时启动结算审核工作，建管单位委托第三方造价咨询单位进行全过程造价过程控制及结算审核。在结算过程中因招标清单中"电缆隧道敷设"项目特征对电缆头试验费描述不清，引发争议（见图 7-4）。

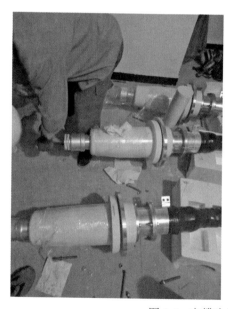

图 7-4 电缆头局部放电试验

二、原因分析

1. 结算争议分析

某电缆工程招标工程量清单描述为户外终端头局放实施，但未描述中间头局部放电试验，投标单位投标报价时，只在电缆敷设中计入电缆终端头局部放电试验费，未计入中间头局放试验。结算时，施工单位意愿新增中间头局部放电试验费（见表7-3）。

表 7-3　　　　　　　　　　　中间头局部放电试验费

项目编码	项目名称	项目特征	计量单位	工程量
LA2104 B15001	电缆隧道敷设	（1）电压等级：110kV。 （2）型号、规格：ZC-YJLW02-64/110kV-1×800mm^2。 （3）电缆试验：户外终端局放试验费。 （4）固定方式：橡胶垫、抱箍、尼龙绳等固定	m	25812.00

2. 结算原则及审核依据

根据电缆试验规程及运检纪要〔2015〕24号文件，电缆终端头、中间头都需作局放试验，且局放试验未单列清单，列入电缆隧道项目特征描述中，施工单位在投标报价中应考虑此部分局放试验费。

三、预防措施

（1）施工单位投标时应对此项提出澄清、答疑：此项招标工程量是否漏写电缆中间头；根据相关文件规范中间头需作局放试验，虽清单描述含糊，投标单位应将电缆中间头局放试验计入此项中，一般限价都将此项计入招标控制价中。

（2）招标代理机构应提高招标文件编制质量，避免招标漏项或是项目特征描述不完善，减少后续结算争议。

（3）可采取经第三方造价审核单位对招标清单及控制价的复核审查来提高招标清单及控制价的质量，及时掌握各职能部门所发布增加造价的相关文件，减少后续结算争议。

附　　录

附录 A 技经工作管理全流程

管理阶段	管理原则	主要工作内容提示	本阶段涉及资料	工作备注
(一)可研、初步设计阶段	(1)遵循"安全可靠、技术先进、造价合理、控制精准"的原则。 (2)严格执行国家标准、行业标准、国家电网公司相关管理办法,并满足初步设计深度规定的内容	(1)参与组织可研初步设计一体化招标,参与可研评审工作,根据以往工程经验考虑设计的涵盖范围和造价水平。 (2)以初步设计文件为依据,按照规定的程序、方法,计价依据编制初步设计文件。初步设计文件应按照项目核准或可研批复的建设规模编制,不得盲目扩大规模,提高标准。 (3)初步设计评审应在工程取得可行性研究批复、核准批复等文件后开展。主要包括项目法人(或建设单位)内审、评审单位评审、工程评审、评审要取得运行单位专业审核意见。未完成内审的项目不得纳入正式评审计划。 (4)初步设计列概算应合理控制在项目核准和可研批复的投资估算之内。严禁在工程概算中计列未提供技术方案和可研批复依据的工程量和费用。并提供计费依据,对环保水保、站外电源、站外道路、大件运输、站外水源、消防等配套的专项,应评审确定合理的技术方案后,在概算中相应计列费用。 (5)对概算超投资估算10%及以上的工程,或初步设计规模和设计方案较可行性研究发生重大变化,项目法人单位需征得可研批复单位(或可研管理部门)同意,并出具正式的变更意见作为初步设计批复的依据。 (6)参照"基建工程合同明细"配合开展全流程合同签订策划	(1)项目核准。 (2)可研报告。 (3)可研批复。 (4)初设图纸。 (5)设计概算书。 (6)工程初步设计内审意见。 (7)工程初步设计批复文件	(1)及时更新"技经台账",按照合同条款及时完成资金支付。 (2)配合项目经理做好合同策划,提示及时启动项目前期相关合同的起草,建立项目"合同台账"。 (3)开工前按要求及时将审定概算上传审全过程管理平台

管理阶段	管理原则	主要工作内容提示	本阶段涉及资料	工作备注
(二) 招投标阶段	(1) 遵循国家法律法规,坚持公平、公正、公开。 (2) 严格执行国家电网公司输变电工程招投标相关管理办法、输变电工程量清单计价审计规程、规范,提升招投标文件编制及审查质量,确保合同条款科学准确、合理完整。 (3) 招标清单及控制价与施工图(初步设计图)、现场实际情况相符,满足实际需要	(1) 具备立项核准和可研批复后开展勘察设计招标;如已开展可研设计一体化招标,按照招投标文件要求完善初步设计阶段的合同签订工作。 (2) 准备工作:在初步设计阶段开展全流程招标策划,在施工图阶段完善全流程(含第三方监测等其他需要的咨询服务类招标)招标策划。填写招标申请单、准备招标所需资料。可研未批复、招标方案未核准、规划意见书(规划条件)未取得不得启动设计招标。初步设计、施工图预算未审核,未取得满足招标深度的施工图设计不得启动施工招标。除特殊项目外应采用施工图招标。 (3) 招投标工作实施:组织招标工作审会,项目管理人员需参加内审会以避免管理方面的招标漏项。组织相关单位、人员现场踏勘,依据踏勘情况进行招标设计和施工图设计,现场实际与进行详细对比,步设计和施工图设计,现场实际与招标工程量清单和控制编制要准确,避免因招标工程量清单漏项、错项或遗列工程量等导致的变更签证情况。 (4) 合同签订:自中标通知书发出之日起30日内,按照招标文件和中标人的投标文件订立书面合同。招标人和中标人不得再行订立背离合同实质性内容的其他协议。按照施工程全流程管理核定程序完成合同审查,严禁机械执行合同文本,并按照合同实际结合合同范本进行修订完善。 (5) 其他:各省电力公司框架内供应商采购由业主项目部推荐,填写框架内供应商采购申请书,报送项目部及工程技术部审批	(1) 项目核准或前期工作函。 (2) 规划意见书(规划条件)。 (3) 规划许可证(开标前取得)。 (4) 满足招标深度的施工图设计文件及审定版施工图预算。 (5) 招标代理业务委托及合同签订。 (6) 招标内审意见。 (7) 招投标文件(含电子版)。 (8) 中标通知书。 (9) 监理、施工合同	(1) 及时更新"按经合同台账",按照合同条款及时成资金支付(包括农民工工资专用账户支付)。 (2) 及时更新项目"合同台账"

续表

管理阶段	管理原则	主要工作内容提示	本阶段步骤及资料	工作备注
(三) 施工图设计阶段	(1) 遵循"流程规范、标准推进、精准控制、管理闭环"的原则。 (2) 严格执行国家标准、行业标准、国家电网公司相关管理办法,并满足规定的施工图深度规定的内容	(1) 施工图预算编制:施工图预算应依据施工图设计文件、现行定额、工程量清单评审完成后准确计价,总造价审核应在施工图设计及施工图预算编制工作在初设批准概算内。初步设计即可开展施工图预算编制工作,结合工程建设规模、性质等,施工图设计及施工图预算编审应安排2~3个月合理工作时间。建筑安装工程施工图预算内容与施工图招标范围一致,包含建筑工程费、安装工程费,施工图招标前完成建筑安装施工图预算编制。全口径施工图预算包括建筑工程费、安装工程费、设备购置费、其他费用,工程开工前完成全口径施工图预算编制。 (2) 施工图图算联审:施工图图算审计划执行到位,审核会召开后造价咨询单位及时完成审核报告,审核报告中的审核要点,报告格式符合《国家电网有限公司输变电施工图预算管理办法》及《国家电网有限公司施工图预算精准管控的意见》要求。 (3) 取得施工图后进一步细化合同签订策划。 (4) 其他:各省电力公司框架内供应商选择由业主项目部推荐,填写框架内供应商采购申请书,报工程技术部专业审核后上报公司党委委员审批批准	(1) 施工图设计文件。 (2) 提前一个月报送施工图预算审核计划。 (3) 施工图预算审版(含电算送审版)。 (4) 审核报告及意见。 (5) 施工图图算联审会议纪要。 (6) 施工图审定版(含电算定版子版)。 (7) 施工图图算联审请示及批复	(1) 及时更新"技经台账",按照合同条款及时完成资金支付。 (2) 及时更新项目"合同台账"。 (3) 开工前按要求及时将审定施工图预算上传全过程平台。 (4) 施工招标前需具备的施工图预算用来指导招标控制价及结算造价控制

续表

管理阶段	管理原则	主要工作内容提示	本阶段涉及资料	工作备注
（四）建设实施阶段	（1）35kV输变电工程及以上（含新建变电站同期配套10kV出线工程）及线路工程应改工程采用现场过程造价控制模式，应以合同为前提，以施工图预算为控制主线，分级控制，预算不超概算，结算不超预算，实现量价核实、过程规范。	（1）工程预付款管理：施工合同生效、施工单位开工准备工作完成后，依据施工合同相关条款及公司资金支付规定，对施工单位提交预付款申请在规定时间内完成审核审批并通知施工单位提供有效发票，完成款项支付手续。工程预付款比例原则上不高于子合同金额（扣除暂列金额）的10%，不高于子合同金额（扣除暂列金额）的30%，并在进度款中进行抵扣。 （2）现场过程造价现场控制启动：组织施工、监理、造价咨询、设计单位按工程造价现场过程控制要求开展工作。召开现场过程造价控制启动会，向参建单位进行造价过程交底（重点包括施工范围、投标人采购材料范围、价格调整、计量与支付、履约要求及违约责任）。按现场过程造价控制周期同期定期组织召开造价例会并发布会议纪要。 （3）设计变更与现场签证管理：依据基建施工合同相关条款、国家电网公司设计变更及现场签证管理办法、现场过程造价控制方案以施工招标前审定的施工图和建安工程施工图预算为基准，工程实施中出现的对施工图设计文件的改变，或涉及工程量增减，合同内容变更或现场签证及合同约定双方发生的必要现场签证，履行设计变更或现场签证审批后，作为工程结算的确认事项的现场签证。设计变更及现场签证发生前，要与设计单位就发生变更与现场签证的依据、现场签证发生的必要性进行充分沟通。审定的施工图和设计变更、现场签证应按设计变更与现场签证，严禁虚假现场签证，将合同内内容图纸代替设计变更、现场签证。严禁出现虚假施工，以签证"补救"损失的情况。建立设计变更及施工单位未按图施工，进行签证及施工单位未按图施工，将合同内内容变更、现场签证台账。	（1）与项目经理共同组织现场过程控制实施方案及实施方案策划。 （2）审核设计变更审批文件。 （3）审核现场签证审批资料。	（1）及时更新"按经合工账"，按照合同条款及时完成资金支付（包括农民工工资专用账户支付、在施工程应按月计量按月支付）。

续表

管理阶段	管理原则	主要工作内容提示	本阶段涉及资料	工作备注
(四)建设实施阶段	(2) 严格执行国家电网公司输变电工程设计变更与现场签证管理办法,做到管理内容准确,资料内容准确,上报项目管理部,完成项目管理部的内部审核梳理及审批及规范,并在确保安全及质量的前提下,实现经济最优。 (3) 依据合同约定及时完成计量与工程款支付,资料完整,数据准确。	(4) 设计变更与现场签证的会签管理:业主项目部根据组织召开设计变更(签证)会议进行讨论,工程各参建单位必须参加,项目管理部负责人必须参加。会议讨论设计变更(签证)内容,开展多方案比选,确定变更推荐方案和设计变更备选方案。当场填写《设计变更/现场签证会签单》,参会各方签字确认,会议讨论变更事项列入监理会议纪要。业主项目部依据《设计变更/现场签证签单》或重大设计变更,项目管理部判断为一般设计变更的内部审核梳理,并填写《工程设计变更签证汇总表》汇报设计变更与现场签证,由例会共同讨论审核。经例会内部审核讨论后,项目管理部根据审核重大设计变更(现场签证),通过审核的重大设计变更(签证),填写《重大设计变更内审意见》,经领导签字后,据内审意见进行完善,并上报工程技术部汇总,经领导签字后,报建设单位。 (5) 工程计量管理:依据施工合同相关条款,现场过程造价控制方案及资金支付相关规定,计量各计量周期内已完工程量。当期发生的设计变更、专业分包、现场签证、暂估价的材料,设备价差计入当期计量。超期办理原则上不得纳入当期结算。	(4) 计量报告。 (5) 工程款支付资料。	(2) 及时更新项目"合同台账"。 (3) 建立业主项目部"变更签证台账"。

续表

管理阶段	管理原则	主要工作内容提示	本阶段涉及资料	工作备注
（四）建设实施阶段	（4）主动采取风险防控措施，及时解决过程中造价争议问题，不给结算工作留下隐患	（6）进度款支付管理：依据施工合同相关条款及资金支付相关规定，对施工单位提交进度款申请在规定时间内完成审批并通知施工单位按合同约定比例抵扣预付款，总额不低于已完工程价款的70%，不高于已完工程款的90%，当累计支付合同价款达到合同约定比例时则停止支付，余款作为保留金，待工程缺陷责任期结束后再进行支付。 （7）全口径分部结算管理：施工费用按照施工合同开展，至多三个计量期完成一次分部结算。对施工单位上报的分部结算文件进行审核确认，分部结算内容包括各期内的各期已完工程量计量金额（含清单内项目、设计变更与现场签证、暂估价的专业分包工程、暂估价的材料设备价差、专项暂列金额项目等），以及依据合同约定可计入的物价波动引起的价格调整金额。每次分部结算周期内上报累计工程量不得纳入竣工结算。分部结算作为竣工结算当次分部结算中。超期办理原则上不得纳入竣工结算。竣工结算应提交的应提交建设部门审批。造价投资完成标志为工程实际结算。后续不得任意对其进行调整，经确认后，竣工结算，现场签证、设计变更发生的物价核算和确认。甲供物资费用应开展相应物资量核查和结算。其他物资费用以工程实际验收为标志完成相应物资量核查和结算。 （8）其他：各省电力公司框架内供应商选择由业主项目管理部推荐，报项目管理部及工程技术部审批。启动竣工验收预估未完工程量，全面进场开工，确保工程开工。工程投产为标志完成相应物资和确认。严禁虚假虚报资料竣工预估未完工程量，启动竣工验收预估未完工程量，以初设批复、填写框架内供应商采购申请书、工程投产为标志完成工程管理部及工程技术部审批	（6）分部结算报告。 （7）结算启动通知单	（4）管好用好造价咨询单位，通过各咨询公司上报的工作周报及时了解工程造价情况

管理阶段	管理原则	主要工作内容提示	本阶段涉及资料	工作备注
（五）竣工结算、工结算、总结评价阶段	（1）遵循"合法、平等、诚信、准确"的原则，严格遵守国家法律法规、行业规程规范、国家电网公司相关管理办法。 （2）工程结算与概算应控制在批准概算、全口径投资内。全口径结算与概算变化率-10%以内，施工图预算与全口径结算变化率-5%以内，如突破批准概算总投资，应及时上报原初设批复单位审核。	（1）单项工程竣工结算为本工程所有分部结算金额的汇总加上依据合同约定和政策调整可计入的合同价款调整金额。编制竣工结算审核报告时，可将历次分部结算阶段尚未计入的合同价款调整金额，按照合同约定各类调整因素分项汇总。竣工结算报告说明应分析与原因。 （2）工程投产前一个月向各参建单位提示结算启动工作。 （3）结算定案按统一格式示签。项目管理单位双签。未达到以上情况，项目管理单位工程技术部一列为空。 （4）单项工程结算符合以下条件之一需进行结算复核：①合同额200万元且合同价款调整超过原合同额10%。②单项合同额3000万元以上。结算复核需向公司建设研究院技经中心。 （5）依据单项工程结算金额签订施工补协议项工程，依据结算复核的单项工程，需要进行结算补充协议的附件。 （6）工程结算完成后，及时移交财务管理部门办理工程决算业务交接移交清单。 （7）造价分析总结：完成四算（估算、概算、预算、结算）对比分析。检查工作对于结算监督发现的问题及时整改并出具整改报告；开展项目相关造价分析工作等。 （8）依据目前文件规定：220kV及以上输变电工程竣工投产后90日内完成结算工作；110kV及以下电压等级工程竣工投产后60日内完成结算工作，迁改工程不分电压等级竣工投产后54日内完成结算工作	（1）单项工程结算报告（含软件工作版）。 （2）全口径结算报告。 （3）四算/五算对比分析。 （4）结算复核申请。 （5）合同补充协议。 （6）技经资料归档移交清单（招投标资料、合同、结算报告等）。	（1）及时更新"技经台账"，按照合同条款及时完成投资支付。 （2）及时更新项目"合同台账"（结算款支付时及时在合同台账中记录质保金预留情况）。 （3）完善最终"变更签证台账"。 （4）竣工后编制全口径结算并按要求上传至技经平台全过程。 （5）完成总结评价阶段相关技经数据的统计归纳工作。

附录B 初步设计内审意见

××输变电工程初步设计内审意见（模板）

一、项目基本情况

工程名称				
建设单位				
工程简介	项目	可研批复	初步设计	初步设计与可研变化内容及原因分析
	系统方案			
	建设规模			
	动态投资（万元）			（可研投资—初设投资）
卷册划分情况（工程全部卷册及编号）	序号	卷册编号	卷册名称	
	1			
	2			
	3			
	4			
	5			
	6			
	…			
前期资料取得情况	序号	标准要求	是否需要	是否取得
	1	勘察设计中标通知书	是	□是 □否
	2	可研批复文件	是	□是 □否
	3	核准批复文件	是	□是 □否
	4	站址规划意见书/回函	□是 □否	□是 □否
	5	线路规划意见书/回函	□是 □否	□是 □否
	6	隧道规划意见书/回函	□是 □否	□是 □否
	7	站址（路径）保护区批复	□是 □否	□是 □否

续表

	8	站址（路径）生态红线评估批复	□是　□否	□是　□否
前期资料取得情况	9	经审查的环评报告	□是　□否	□是　□否
	10	经审查的水保报告	□是　□否	□是　□否
	11	其他相关协议	□是　□否	□是　□否

	专项设计内容	本工程是否涉及
专项设计方案情况	穿河设计方案	□是　□否
	穿越地铁设计方案	□是　□否
	穿越铁路设计方案	□是　□否

	工作项	是否具备
前期评估	《初设阶段前期建场咨询报告确认单》	□是　　□否
	前期评估报告	□是　　□否

特殊情况说明	（未应用通用设计、概算超出估算或核准、单一设备来源采购等）
沟通汇报情况	

二、内审意见

工程名称	
内审会议时间	
内审会议地点	
内审会组织部门	

	参会部门	参会人员
参会情况		
内审意见		

附录C　技经管理台账

统计日期：

序号	ERP编码	项目名称	项目管理部	项目负责人	可研批复文号	可研批复动态金额（万元）	初步设计批复文号	初步设计批复动态金额（万元）	施工图审核完成情况	施工图预算全口径审定金额（万元）	勘察（万元）	设计（万元）	施工（万元）	监理（万元）	本年预控资金（万元）预控小计	其中：工程费	其中：建场费	其中：物资	本年已累计支付资金（万元）小计	其中：工程费	其中：建场费	其中：物资	预控完成率（%）预控完成总体情况	其中：工程	其中：建场费	其中：物资	工程类前期	已签订合同金额（万元）物资（不含协议库存等）	自开工累计支付资金（万元）结算合计	其中：工程费	其中：建场费	其中：物资（不含协议库存等）	最终结算金额（万元）结算合计	其中：工程费	其中：建场费	其中：物资（参照物资服务费基数）	结算时间 全口径实际竣工时间（计划）	结算（计划）实际竣工时间	三算对比 （概算-结算）/概算×100%	（预算-结算）/预算×100%	预算/概算×100%

附录 D 施工图图算联审请示及批复

附录 D-1 关于申请 ×× 工程施工图及施工图预算联合审查成果批复的请示

×× 部：

按照输变电工程全口径分部结算管理工作的相关要求，该工程已于 ×××× 年 ×× 月 ×× 日完成施工图及施工图预算联合审查，并已完成审查意见中全部问题的整改，形成了最终版本的施工图和施工图预算。经审定的施工图纸编号为 ××、施工图预算编号为 ××（具体编号见明细表，施工图预算审定金额为 ×× 万元）。

本工程计划采用施工图预算工程量清单开展招标工作，工程计划于 ×××× 年 ×× 月启动施工招标，计划于 ×××× 年 ×× 月 ×× 日开工，后续将基于审定的施工图和施工图预算开展现场过程造价管控。

妥否，请批示。

附件 1：×× 工程相关成果文件明细表
附件 2：×× 工程施工图图算联审会议纪要

×× 公司 ×× 部
×××× 年 ×× 月 ×× 日

附件 1 ××工程相关成果文件明细表

序号	工程名称	初步设计批复文号	成果文件名称	检索号	备注

附件 2 ××工程施工图图算联审会议纪要

根据基建工程施工图管理进度计划，××部委托××公司对××工程施工图及预算进行了评审，并于××××年××月××日组织召开了施工图图算联审会议，××部、××公司等单位相关人员参加了审核，并形成审核意见如下：

一、施工图部分

（一）通用部分

（1）是否符合相应国家标准、规程规范、工程建设强制性标准、反事故措施等；

（2）施工图设计文件是否齐全、是否满足《国家电网公司输变电工程施工图深度规定》；

（3）是否按批准的初步设计文件及审核意见进行施工图设计；

（4）是否符合国家电网公司通用设计、通用设备、通用造价、标准工艺要求；

（5）是否合理应用初步设计批准的新技术、新设备、新材料、新工艺；

（6）是否满足工程设计策划编制、工艺策划工程创优要求；

（7）是否执行国家电网公司"一单一册"（输变电工程设计质量控制计划清单、设计常见病清册）有关要求；

（8）各专业审核过程中提出的有关设计本体的技术问题；

（9）其他问题及整改要求。

（二）特殊设计部分

（1）基建新技术应用情况及应用效果统计分析，是否落实初设提出的新技术要求；

（2）依托工程开展的基建新技术研究项目；

（3）对比初步设计中提出的环水保要求，写明环水保措施在施工图阶段落实情况；

（4）其他问题及整改要求。

二、施工图预算部分

（一）预算书文件

（1）设计单位向评审会提供施工图预算书文件内容完整情况；

（2）施工图预算内容是否与经批复的初步设计概算内容一致；

（3）施工图预算是否达到相关文件对内容版式的要求；

（4）施工图预算是否达到《输变电工程施工图预算编制导则》（DL/T 5468—2013）、《建设项目　施工图预算编审规程》（CECA/GC 5—2010）对内容深度的要求；

（5）建设管理单位提供物资订货和建设前期技术服务合同签订情况；

（6）问题及整改要求，需补充完善的内容。

（二）预算书编制

（1）施工图预算编制依据和价格水平年；

（2）施工图预算内容是否完整，问题及整改要求；

（3）施工图预算计量是否准确，问题及整改要求；

（4）施工图预算计价是否精确，问题及整改要求；

（5）施工图预算与审定概算对比是否深入，问题及整改要求；

（6）施工图预算编制应深化思考的问题及补充内容；

（7）问题及整改要求，需补充完善的内容。

请设计单位针对上述评审意见于××××年××月××日前完成书面正式回复，并于××××年××月××日前完成审定版施工图及施工图预算。

参会人员：

建设管理单位名称：人员名称

设计单位名称：人员名称

评审单位名称：人员名称

专家：人员名称（单位）、人员名称（单位）

××公司××部

××××年××月××日

附录D-2　关于××工程施工图及施工图预算联合审查成果的批复

××部：

　　××工程采用施工图预算工程量清单开展招标工作，工程计划于××××年××月启动施工招标，计划于××××年××月××日开工。按照输变电工程全口径分部结算管理工作的相关要求，该工程已于××××年××月××日完成施工图及施工图预算联合审查，并已完成审查意见中全部问题的整改，形成了最终版本的施工图和施工图预算。经审定的施工图编号为××、施工图预算编号为××（具体编号见明细表，施工图预算审定金额为××万元）。

　　现将批复下发给你们，请遵照执行，后续基于审定的施工图和施工图预算开展现场过程造价管控。

附件1：关于申请××工程施工图及施工图预算联合审查成果批复的请示（见附录D-1）

××公司××部

××××年××月××日

附录 E　采用精准初设概算深度工程量清单施工招标申请书

申请单位		申请日期	
工程名称		概算 （万元）	
设计单位		初步设计批复 文号、日期	
计划开工日期		计划竣工日期	
工程招标代理单位		采购方式	
项目特殊性描述			
建设单位	联系人： （公章）主管领导：	电话： 　　　　年　月　日	
建设部审核意见		签字（公章）：	

附录 F 招标申请表（施工、监理、设计）

附录 F-1 电力工程监理招标（非招标）申请书

年　月　日

工程编号		建设地点	
工程名称		概（预）算 （万元）	
计划开工日期		计划竣工日期	
要求投标单位 资质等级		设计单位	
招标程序所需 相关资料			
招标项目概况			
招标范围			
方式	招标：□公开　□邀请	非招标：	□单一来源采购　□竞争性谈判 □其他
规范招标（非 招标）采购行 为承诺	本工程监理工作在建设单位提出采购申请时（□尚未实施、□已实施），（□不存在、□存在）先实施后启动招标或非招标采购流程等违法、违规情形		
建设单位	（公章）　负责人：　　　　　　　　　　年　月　日		
工程主管部门 意见	（公章）　负责人：　　　　　　　　　　年　月　日		

注 本申请书一式三份，建设单位、工程主管部门、北京京供民科技开发有限公司各留存一份。

附录 F-2　电力工程施工招标（非招标）申请书

年　月　日

工程编号			建设地点		
工程名称			概（预）算 （万元）		
计划开工日期	年　月　日		计划竣工日期	年　月　日	
要求投标单位 资质等级			设计单位		
招标项目概况					
招标程序所需 相关资料	招标申请单、图纸（至少四套）、立项、概算、甲供材等				
前期工作 进展情况	前期手续 办理	1. 规划意见书完成（是、否）　2. 环评报告批复（是、否） 3. 规划许可证完成（是、否）　4. 初设概算已提交审核（是、否）			
	施工现场 条件	1. 用地手续办理情况（是、否） 2. 施工场地需进行拆迁（是、否）			
	建设单位 供应物资	如有附材料、设备清单			
规范招标（非 招标）采购行 为承诺	本工程在建设单位提出采购申请时（□尚未实施、□已实施），（□不 存在、□存在）先实施后启动招标或非招标采购流程等违法、违规情形				
工程资金 落实情况	公司投资工程：附工程建设任务书或资金落实文件或项目批准文件等 客户投资工程：附收款通知单复印件				
方式	招标：□公开　　□邀请		非招标：□单一来源采购　□竞争性谈判 □其他		
建设单位	本项目已具备施工招标条件，申请施工招标。 本项目联系人：　　　　　　电话： 　　　　　　（公章）　　主管领导：　　　年　月　日				
主管单位	1. 申请招标项目已列入年度投资计划（是、否） 2. 初设及概算批复已完成（是、否） 3. 批准采用的招标方式（公开招标、邀请招标） 　　　　　　（公章）　　主管领导：　　　年　月　日				

注　本申请书一式三份，建设单位、工程主管部门、北京京供民科技开发有限公司各留存一份。

附录 F-3 电力工程勘察设计招标（非招标）申请书

年 月 日

工程编号		建设地点	
工程名称		要求投标单位 资质等级	
计划开工 日期	年 月 日	计划竣工日期	年 月 日
方式	招标：□公开 □邀请	非招标：□单一来源采购 □竞争性谈判 □其他	
招标程序所 需相关资料	招标申请单、可研报告（至少四份）、立项等		
招标项 目概况			
工程资金 落实情况	附工程建设任务书或资金落实文件或项目批准文件等		
招标范围			
规范招标 （非招标） 采购行为承 诺	本工程勘察设计工作在建设单位提出采购申请时（□尚未实施、□已实施），（□不存在、□存在）先实施后启动招标或非招标采购流程等违法、违规情形		
建设单位	本项目已具备勘察设计招标条件，申请招标。 本项目联系人： 电话： （公章） 负责人： 年 月 日		
工程主管 部门意见	 （公章） 负责人： 年 月 日		

注 本申请书一式三份，建设单位、工程主管部门、北京京供民科技开发有限公司各留存一份。

附录G 招标易落项清单

序号	内容	解决措施
一	变电站土建	
1	智慧工地管理系统	依据《国网北京市电力公司关于公布2020～2021年度"智慧工地系统"框架入围单位的通知》(京电建设〔2020〕63号)文件要求,建设管理单位按照工程现场实际需求,经比质比价择优选择"智慧工地系统"实施单位。不须纳入施工招标范围
2	变电站对端间隔土建工作量	该部分工作量招标容易遗漏,需加强清单审核
3	范围内地面存有大量建筑渣土和部分混凝土硬化路面	以零星前期暂估方式计入招标文件,据实结算
二	变电站电气	
1	变电站干式设备检测	依据《国网北京市电力公司建设部关于做好变电站新安装设备强制检测工作的通知》(建设〔2016〕29号)文件要求,变电站内所有干式设备,包括所内变、接地变、消弧线圈、电抗器和电压互感器逐台进行强制检测。电流互感器按照每站10%比例抽取检测,不足10台的至少抽检1台。建设管理单位在招标阶段以清单方式计入招标文件
2	未投运设备交接试验	依据《国网北京市电力公司建设部关于做好变电站》(建设〔2016〕30号)文件要求。110kV及以上设备经交接试验后超过6个月未投入运行(35kV及以下按1年执行),在投运前应按照新设备开展交接试验工作。设计(咨询)单位要在可研、初设阶段在设计图纸中明确未投运设备数量,并计列相关费用。建设管理单位在招标阶段以清单方式计入招标文件
3	组合电器和开关柜状态检测	依据《国网北京市电力公司建设部关于做好变电站新安装设备强制检测工作的通知》(建设〔2016〕29号)文件要求,施工现场交流耐压试验时,组合电器应同步开展特高频局部放电和超声波测试工作;开关柜应同步开展暂态地电压和超声波测试工作。建设管理单位在招标阶段以暂估形式计入招标文件

序号	内容	解决措施
4	变电电气电缆仓导体缺失	招标阶段以暂估形式计入招标文件
5	移动主站传动调试	依据《国网北京市电力公司建设部关于新建变电站使用移动主站调试相关要求的通知》（建设〔2019〕61号）文件要求，接入系统方式为 T 接、Π 接运行线路，且调度监控系统为南瑞 D5000 系统的 35kV 及以上输变电工程，在工程招标前，建设管理单位要与建设部沟通，明确是否采用移动主站方式，如是则建设管理单位在招标阶段以清单方式计入招标文件
6	扩建工程废旧物资运输、保管	列入措施项目清单计价表（二）
7	站内控制电缆、通信电缆、动力电缆为非标物料	在招标阶段对乙供事项进行明确
8	避雷针及 A 型架构的相关材料及安装	该部分工作量招标在变电安装专业，图纸在土建册，招标时提土建相关图纸
9	变电站及对端标牌	依据《国网基建部关于印发输变电工程概算预算结算计价依据差异条款统一意见（2019 年版）的通知》（基建技经〔2019〕29 号）文件要求，无人值守变电站（除运维站外）原则上不计列工器具及办公家具购置费。建设管理单位在招标阶段以暂估形式计列
10	GIS 安装小环境装置	依据《电力建设工程预算定额（2018 年版）》要求，GIS 安装中不包含无尘化设施安装。建设管理单位在招标阶段以清单方式计入招标文件
11	地下站垂直运输	《电网工程建设预算编制与计算规定（2018 年版）》已有相关定额，招标阶段以工程量清单形式计列
12	扩建工程站内原有路面及场地（绿植）破损及恢复	可研、初设、施工图设计阶段在设计文件中对站内破除路面情况进行说明，明确路面恢复工程量。建设管理单位在招标阶段以清单方式计入招标文件
13	改扩建工程 GIS 试验套管	改扩建工程现状 GIS 设备和本期扩建新增 GIS 设备厂家不一致，且现状 GIS 设备需做试验时，所需试验套管费用，建设管理单位在招标阶段以清单方式计入招标文件

序号	内容	解决措施
14	数字化电能表校准	依据《国网北京市电力公司建设部关于新建变电站数字化电能表采购、验收问题协调会纪要》(建设〔2018〕99号)文件要求,对于无贸易结算用关口计量的间隔需安装数字化电能表,数字化电能表不做检定,只做校准,由各建设单位将数字化电能表送国家电网公司计量中心进行校准,费用在工程中列支。包括:110kV变电站的110kV进出线、主变压器各侧;220kV变电站的220kV进出线、110kV进出线、主变压器各侧;500kV变电站的220kV出线。建设管理单位在招标阶段以暂估形式计入招标文件
15	智慧工地管理系统	依据《国网北京市电力公司关于公布2020~2021年度"智慧工地系统"框架入围单位的通知》(京电建〔2020〕63号)文件要求,建设管理单位按照工程现场实际需求,经比质比价择优选择"智慧工地系统"实施单位。不须纳入施工招标范围
三	电缆安装	
1	电缆的局部放电检测	招标阶段以工程量清单形式计列
2	接地电流在线监测装置	依据《电缆工程建设(设计)与运行需求沟通研讨会纪要》(建设纪要〔2020〕160号)文件要求,设计单位在施工图预算中调整该设备为乙供物资,建设管理单位在招标阶段对乙供事项进行明确
3	冬季施工电缆加热	施工过程中以签证形式纳入结算
4	内置测温装置	依据《输电电缆专业精益化管理研讨会会议纪要》(运检纪要〔2017〕63号)文件要求,110kV及以上电缆接头应同期加装接头内置测温装置。设计单位在施工图预算中明确该设备为乙供物资,建设管理单位要在招标阶段对乙供事项进行明确
5	电缆穿舱配合	35kV及以上送出工程敷设电缆过程中涉及对端GIS设备电缆穿舱工作,建设管理单位根据工程量在招标阶段以暂估形式计入招标文件
6	接入智慧工地系统	依据《国网北京市电力公司关于公布2020~2021年度"智慧工地系统"框架入围单位的通知》(京电建〔2020〕63号)文件要求,建设管理单位按照工程现场实际需求,经比质比价择优选择"智慧工地系统"实施单位。不须纳入施工招标范围

序号	内容	解决措施
四	电缆沟道	
1	防火隔板	依据《国网北京市电力公司电缆防火隔板（托板）技术规程》（京电运检〔2019〕57号）文件要求，设计（咨询）单位在可研、初设、施工图设计中，在主、配网电缆之间加装防火隔板，防火隔板材质采用高阻燃无毒低烟模塑料。建设管理单位在招标阶段以清单方式计入招标文件
2	槽盒安装	建议招标在沟道专业
3	现状沟道安装电缆涉及临时占地	招标阶段以暂估形式计入招标文件
4	电缆保护	依据《国网北京市电力公司电缆通道断面管理办法》（京电运检〔2016〕59号）文件要求，新建通道与原有通道局部相接时，应当做好原有通道的处理，尤其是原通道中有运行电缆时，应做好电缆保护工作，新旧通道接口处设置沉降缝。电缆公司制定4种通用电缆保护方案，明确电缆保护范围及标准，设计（咨询）单位在可研、初设、施工图阶段进行计列，建设管理单位在招标阶段以暂估形式计入招标文件
5	原有旧沟清淤排水工作	依据《电缆工程建设（设计）与运行需求沟通研讨会纪要》（建设纪要〔2020〕160号）文件要求，为满足设计输入条件，各建设管理单位应组织设计（咨询）单位进行电缆查活，查活过程中如电缆隧道存在积水、淤泥等，电缆公司要根据查活需要，配合开展抽水、清淤工作，保证设计查活质量，涉及费用从电缆运维费中列支。与工程实施相关的抽水、清淤、更换支架等工作，要在可研、初设、施工图设计中准确计列，由建设管理单位以暂估形式纳入招标文件并在施工阶段组织实施
6	接入智慧工地系统	依据《国网北京市电力公司关于公布2020～2021年度"智慧工地系统"框架入围单位的通知》（京电建设〔2020〕63号）文件要求，建设管理单位按照工程现场实际需求，经比质比价择优选择"智慧工地系统"实施单位。不须纳入施工招标范围
7	井盖监控系统	设计（咨询）单位要在可研、初设、施工图中明确井盖监控系统监控井盖数量，建设管理单位在招标阶段以暂估计入招标文件

序号	内容	解决措施
8	智慧工地管理系统	依据《国网北京市电力公司关于公布 2020~2021 年度"智慧工地系统"框架入围单位的通知》（京电建设〔2020〕63 号）文件要求，建设管理单位按照工程现场实际需求，经比质比价择优选择"智慧工地系统"实施单位。不须纳入施工招标范围
9	沟道竣工测量	建议招框架入围单位，按照工程现场实际需求，经比质比价择优选择
五	架空专业	
1	跨越高速、铁路许可手续费	在招标阶段以暂估形式计入招标文件
2	输电线路特殊跨越	设计（咨询）单位要在可研、初设阶段计列跨越高铁措施费用，建设管理单位要针对跨越高铁工程出具跨越方案，并明确费用计列标准，在招标阶段以暂估形式计入招标文件
3	零星前期费用	依据《35kV 及以上输变电工程前期建场管理办法（试行）》（京电建设〔2019〕59 号）文件要求，架空线路施工过程中若涉及零星青苗赔偿、更换光缆前期赔偿等少量、小额赔偿费用，建设管理单位在招标阶段以暂估形式计入招标文件
4	线路迁改涉及调整调度牌	在招标阶段以工程量清单计入招标文件
5	"三跨"线路耐张线夹 X 线探伤	依据《架空输电线路"三跨"重大反事故措施实施细则》（京电运检〔2018〕73 号）文件要求，对"三跨"段内耐张线夹逐一开展 X 射线无损检测。设计（咨询）单位要在可研、初设、施工图设计阶段在设计图纸中对 X 射线无损检测内容进行明确，确定"三跨"段内耐张线夹数量，建设管理单位在招标阶段以清单方式计入招标文件
6	智慧工地管控系统（太阳能固定摄像头）	依据《国网北京市电力公司关于公布 2020~2021 年度"智慧工地系统"框架入围单位的通知》（京电建设〔2020〕63 号）文件要求，框架入围范围不包含架空线路工程"智慧工地系统"相关模块，建设管理单位在招标阶段以清单方式计入施工招标文件
7	三跨内的备份线夹	在招标阶段对乙供事项进行明确

序号	内容	解决措施
8	撤旧物资	设计（咨询）单位在可研、初设文件中要考虑撤旧物资运输费用计列，在初步设计阶段与建设管理单位沟通撤旧物资保管、退库情况，建设管理单位要测算撤旧物资运输距离，在招标阶段以暂估形式计入招标文件
9	不停电临时过渡费	依据建设〔2020〕93 号《国网北京市电力公司建设部关于临时线路费用计列与物资处置方式的指导意见》文件要求，招标阶段临时线路的所有材料均按照乙供材来考虑，在招标阶段列入工程量清单
10	线路测参	施工过程中以签证形式纳入结算
11	专业爆破服务费	如发生在招标阶段以暂估方式计列

附录 H 工程招标前现场踏勘记录表

踏勘地点		踏勘时间	
建设单位		踏勘单位	
问题记录	详细记录现场踏勘工程量与招标图纸工程量差异		

注意事项：

（1）建设单位参考《招标工程量审核提示清单》内容，提示参加踏勘人员需重点关注的事项；

（2）招标项目的位置和地形、地貌、土质、地下水位等情况；

（3）现场的环境，如交通、供水、供电、污水排放、土方临时堆放点等情况；

（4）施工现场场地与工程前期界限划分，纳入招标范围内地上、地下现场障碍物及管线的范围确定；

（5）施工重要穿越物及难点、重点等

附录I 招（投）标人采购材料（设备）表

工程名称：

招标人采购材料表				
序号	材料（设备）名称	型号规格	计量单位	数量
1				
2				
3				
4				
5				
6				
7				
...				

投标人采购设备表				
序号	材料（设备）名称	型号规格	计量单位	数量
1				
2				
3				
4				
5				
...				

附录 J　基建项目工程及服务类招投标台账

填表基准日：（截至　年　月　日）

序号	项目名称（全称）	合同编号	合同名称（全称）	合同签订时间	招标代理机构（全称）	招标平台	招标方式	资格预审（招标）公告发布时间	工程量清单及招标控制价审核单位（全称）	同口径定额概算价格（元）	同口径审定施工图预算价格（元）	评审前招标控制价（元）	评审后招标控制价（元）	中标单位（全称）	中标价格（元）	中标通知书签发时间
填表说明		公开招标、邀请招标的施工、勘察设计、监理采购的合同编号	公开招标、邀请招标的施工、勘察设计、监理采购的合同名称	日期按以下样式输入"2020-8-10"	如委托招标代理机构，请填写招标代理人名称		公开/邀请/其他	日期按以下样式输入"2020-8-10"							中标通知书上确定的价格	日期按以下样式输入"2019-10-15"

附录K 合同管理台账

填表日：（截至 年 月 日）

序号	项目代码	项目名称（全称）	合同编号	合同名称（全称）	合同类型	发包方式	对方单位（全称）	中标通知书取得日期	合同签订日期	合同约定开始日期	合同约定结束日期	合同金额（元）	合同是否有变更	变更后合同总金额	截至填表基准日合同累计结算金额（元）	截至填表基准日合同累计支付金额（元）	是否中小企业	是否民营企业	是否开设农民工工资专用账户	资金支付是否与合同付款要求匹配	合同状态	签订阶段

附录 L 签证变更台账

序号	项目名称	类别	建设单位	上报支撑性文件	事由	预计费用（元）	责任原因	责任单位

附录 M 工程资金拨付申请表

资金申请单位：

申请日期：　　　　　　　　　　　单位：元

所属工程项目		工程款类型					
合同金额		合同累计支付金额（含本次）			本次付款抵扣款项目		本次支付金额
序号	工程子项	现场造价控制		本次付款	预付款	质量保证金	其他
		已经完成额度	本期完成额度				
本次申请金额合计（大写） （含农民工工资）							
农民工工资专用账户银行信息			农民工工资申请额				
开户行名称		开户行账号		联行号			
资金申请单位银行信息			除农民工工资外申请金额				
开户行名称		开户行账号		联行号			
资金申请单位		监理单位		造价咨询单位		建设管理单位	
项目负责人（签署意见）：		项目负责人（签署意见）：		项目负责人（签署意见）：		业主项目部经理（签署意见）： 技经专工（签署意见）：	
盖章（公章）： 　　年　月　日		盖章（章）： 　　年　月　日		盖章（章）： 　　年　月　日		盖章（章）： 　　年　月　日	

注　本申请表签字流程如下：资金申请单位→监理单位→造价咨询单位→建设管理单位，签字流程结束后由建设单位工程管理人员履行拨付程序。

附录 N 分部预结算预定案表

第（ ）次

工程名称：

分部结算计量期：自 ×××× 年 ×× 月 ×× 日起至 ×××× 年 ×× 月 ×× 日止

本次分部结算已完工程量计量期数： 期（第 × 期～第 × 期）

文件种类：分部结算

审核结果：

送审金额：￥ 元

本期审定金额：￥ 元；大写：

审减金额： 元。累计分部结算金额：￥ 元

建设管理单位： 施工单位： 监理单位： 咨询单位：

甲方： 乙方（签字）： 项目负责人（签字）： 项目负责人（签字）：

技经专工（签字）

业主项目部经理（签字）

盖章（章）： 盖章（公章）： 盖章（公章）： 盖章（章）：

年 月 日 年 月 日 年 月 日 年 月 日

附录O 结算启动通知单

附录O-1 ××工程结算工作启动通知单

××公司：

    ××公司建设的××工程计划于××××年××月××日投产运行，请你公司于工程投产后，将竣工结算资料反馈至业主项目部。

××公司项目管理××部

××××年××月××日

附录 O-2 ××工程前期结算启动通知单

××公司：

    ××公司建设的××工程计划于××××年××月××日投产运行，请贵公司提前启动前期结算工作，完成前期下放任务范围内的结算工作，将前期结算资料整理后汇总反馈至业主项目部。

××公司项目管理××部

××××年××月××日

附录 O-3 ××工程物资结算工作启动通知单

××公司：

    ××公司建设的××工程计划于××××年××月××日投产运行，请贵公司配合提前启动物资结算工作。

××公司项目管理××部

××××年××月××日

附录 P　审批竣工结算报告的请示

××公司关于××输变电工程审批竣工结算报告的请示

××部：

　　××公司××工程已于××××年××月××日竣工投产。按照公司基建工程结算管理要求，截至××××年××月××日，该工程竣工结算报告已经我公司分管领导审批（附录O-1）、所有发票检验工作已完成、ERP系统结算节点已具备关闭条件，现申请竣工结算审批。

　　该工程"三算"对比情况及各单项工程变更签证金额较施工合同中标金额占比见附录O-2。

　　特此请示。

××公司

××××年××月××日

附录 P-1　结 算 审 批 表

××工程结算审批表

序号	工程名称	批准概算（万元）动态投资	施工图预算（万元）动态投资	竣工结算（万元）动态投资	结算较概算增减率（%）	结算较预算增减率（%）
1	××工程					
2	××工程					
	总计					

建设管理单位名称（盖章）：	省级公司建设部（盖章）：
分管领导（签字）：	建设部主任（签字）：
日期：　　年　月　日	日期：　　年　月　日

附录 P-2　"三算"对比情况及各单项工程变更
签证金额较施工合同中标金额占比

附表1　　　　　　　　　　"三算"对比情况　　　　　　　　　单位：万元

工程名称	概算	预算	结算	结算较概算变化率（1-结算/概算×100%）	结算较预算变化率（1-结算/预算×100%）
××工程					

附表2　　　　各单项工程变更签证金额较施工中标合同金额

序号	专业	变更签证预警线	变更签证实际值
1	变电土建	4%	×%
2	变电安装	6%	×%
3	架空线路	2%	×%
4	电缆土建	5%	×%
5	电缆安装	5%	×%

附录 Q　造价管理量化考核评价标准

序号	检查内容	具体内容	资料清单	备注
一		造价精准管控		
1	"三算"过程精准管控措施落实情况	在取得初设概算时，是否开展概算、估算对比。"估算概算"指标未进入规定目标指标区间时，是否启动专题分析及后续管控	估算概算专题分析报告、审定估算书、送审概算书、审定概算书	
2		在取得全口径施工图预算时，是否按专业开展概算、全口径施工图预算对比。"概算预算"指标未进入规定目标指标区间时，是否启动专题分析及后续管控	全口径施工图预算、对比分析报告、如未进入管控区间，需提供专题分析报告	
3		全口径结算完成后，是否开展概算与结算、预算与结算对比。"概算—结算""预算—结算"指标未进入规定目标指标区间时，是否启动专题分析并提炼管控措施	三算对比分析，如未进入管控区间，需提供专题分析报告专题分析报告	
4		是否每季度由主管领导组织召开"三算"分析调度会，统筹推进"三算"管理	季度分析会会议材料	
5	初设、施工图评审及施工图预算评审管理情况	是否在每月 18 日前向建设部报送下月初设和施工图评审计划、施工图预算审核计划且按期执行，并向建设部上报成果性材料。是否规范执行国网公司规范性控制表	施工图评审及施工图预算审核计划，相应成果文件	
6		施工图及施工图预算审核会召开后，施工图及施工图预算编制单位是否按评审意见完成修改	送审版施工图预算、审定版施工图预算及评审意见	
7		开工后是否以审定施工图、施工图预算（招标应使用审定施工图及预算）为执行基准，开展设计变更、现场签证管理	/	

序号	检查内容	具体内容	资料清单	备注
8	初设、施工图评审及施工图预算评审管理情况	主要甲供设备材料中标价确定后，是否按专业批复全口径施工图预算，并作为现场造价控制的基准点。在完成全口径施工图预算批复当月，是否以公文形式向公司建设部备案。当工程结算超过批复全口径施工图预算时，是否向公司建设部请示并汇报原因	全口径施工图预算批复文件	
9		工程前期费用结算时，是否根据实测实量结果并根据合同约定进行结算	前期合同、实测实量相关资料	
10	建设场地征用及清理费使用情况	建设场地征用清理费结算是否缺少支撑资料	监理复核报告、实测实量资料	第一轮巡察"全覆盖"负面清单
11		是否按期（与工程本体结算同步）完成建设场地征用及清理费结算	全口径报告	
12	项目法人管理费使用情况	项目法人管理费中是否列支与本工程无关的管理费用（包括其他项目的费用、与本项目无关的会议费、办公费、办公场所装修、信息系统维护、招待费等）	ERP 系统 CJI3 台账	
13	造价标准化建设落实情况	是否严格执行《国家电网有限公司关于加强基建工程现场造价标准化管理的意见》（〔2019〕19号）文中"基建工程项目部造价人员配置基本需求一览表中相关规定"，500 kV 监理合同的造价人员最多可兼任 2 个工程，330 kV 及以下工程监理合同的造价人员最多可兼任 5 个工程，累计最多兼任 5 个工程（由检查组成员询问监理方造价人员本人）；是否因承接工程多而无法高效完成甲方委任的各项工作	/	

序号	检查内容	具体内容	资料清单	备注
14		是否严格执行《国家电网有限公司关于加强基建工程现场造价标准化管理的意见》中的"基建工程项目部造价人员配置基本需求一览表中相关规定"：500kV施工合同的造价人员最多可兼任3个工程，330kV及以下工程施工合同的造价人员最多可兼任6个工程，累计最多兼任6个工程（由检查组成员询问施工方造价人员本人）；是否因承接工程多而无法高效完成甲方委任的各项工作	/	
15	造价标准化建设落实情况	《建设管理纲要》等成果资料中是否明确造价管理目标、造价管理内容等工作目标和要求	建设管理纲要	
16		工程现场三个项目部标识中是否设置造价管理标准化建设相关内容；是否按期召开造价例会，并由建设管理单位建设部主任签发会议纪要	造价例会会议纪要	
17		是否按照《基建工程现场过程造价控制实施方案范本（2020版）》规范开展策划、实施工作	工程过程控制实施方案	
18		是否按照合同约定计量周期开展计量工作，是否严格按照计量周期审定已完工程量造价	工程过程计量资料	
二		依法合规管理		
19	基本建设程序管理情况	工程开工前是否取得施工许可证、土地划拨决定书、建设工程规划许可证、环评批复、水保批复，开工前是否缴纳水保补偿费	施工许可证、土地划拨决定书、建设工程规划许可证、环评批复、水保批复、水土保持补偿费缴款材料	
20		投产前是否取得不动产登记权证（土地）、消防验收意见书	不动产权证书、消防验收意见书	

续表

序号	检查内容	具体内容	资料清单	备注
21	基本建设程序管理情况	变电站工程临时占地是否取得临时规划许可证	临时规划许可证	
22		较大的工程进度调整是否有政府文件、会议纪要等支撑性材料	政府文件、会议纪要	
23		投产后三个月内是否完成环保自验收、水保自验收	环保验收文件、水保验收文件	
24		"一会三函"项目工程竣工前是否取得规划许可、施工许可证件、不动产登记权证（土地）	规划许可证、施工许可证、不动产权登记证	
25		施工阶段前期评估报告的出具时间是否晚于工程的开工时间	施工前期评估报告	
26	合同及付款管理情况	初设批复后是否开展全流程合同签订策划，取得施工图后是否修订完善	全流程合同策划清单	
27		是否根据《国家电网有限公司关于修编发布统一合同文本的通知》（国家电网法〔2020〕816号）及时修订合同条款；是否存在机械执行合同范本，未结合实际对合同范本进行修订完善	合同	
28		是否未签订合同先实施	开工报告、施工合同	第一轮巡察"全覆盖"负面清单
29		是否在中标通知书发出30日内签订合同	中标通知书、合同、经法系统流转单	第一轮巡察"全覆盖"负面清单
30		是否根据《国网基建部国网法律部关于修订输变电工程勘察设计合同文本推进三维设计应用的通知》（基建技经〔2020〕49号）及时修订合同条款	合同	
31		是否存在先签订设计合同，后签订勘察合同，时间倒置	合同、经法系统流转单	

序号	检查内容	具体内容	资料清单	备注
32	合同及付款管理情况	项目管理人员是否高质量参与合同审核（合同后续管理环节有无项目管理方面的疏漏）	招标工程量清单、结算报告	
33		中标人更换项目经理、总监理工程师是否事先征得发包人同意，并履行变更手续	变更手续	
34		劳务分包合同中是否包含电缆敷设、接头安装、设备安装等主体工作内容；劳务分包结算是否及时；分包招标采购资料归档是否规范	分包材料	第一轮巡察"全覆盖"负面清单
35		是否存在签订虚假合同套取工程资金	合同清单、财务支付凭证	
36		是否按照合同约定周期、付款比例支付预付款、进度款	合同、财务支付凭证	第一轮巡察"全覆盖"负面清单
37		是否根据实际工程进度付款，是否存在超付工程款	合同、财务支付凭证	
38		是否按时支付民营企业、中小微企业工程款	合同、财务支付凭证	
39		进度款支付是否包含变更签证	进度款支付资料	
40	设计变更和现场签证管理	一般及重大变更签证是否履行相关审批程序	重大变更签证审批单、工程结算报告、现场过程控制报告	第一轮巡察"全覆盖"负面清单
41		一般及重大变更签证是否未批先施	重大变更签证审批单、工程结算报告、现场过程控制报告	第一轮巡察"全覆盖"负面清单
42		业主、施工、监理项目部是否建立设计变更、现场签证台账，台账记录是否一致	设计变更、签证台账	
43		是否存在以施工图版本升级等方式规避办理设计变更审批手续情况	施工图、竣工图	

序号	检查内容	具体内容	资料清单	备注
44	设计变更和现场签证管理	是否存在越权审批，将重大变更和签证化整为零的现象	设计变更、签证审批单	
45		是否存在将合同内内容进行签证现象	合同	
46		是否存在施工单位未按图擅自施工，以签证"补救"损失问题	施工图、现场签证	
47		是否存在变更签证审批单关键信息、支撑材料缺失现象，是否存在变更签证审批依据不充分现象	设计变更、现场签证相关资料	第一轮巡察"全覆盖"负面清单
48	前期占地标准落实情况	架空线前期占地标准落实情况	相关成果文件	
49		变电站工程前期占地标准落实情况	相关成果文件	
50		隧道工程前期占地标准落实情况	相关成果文件	
51	农民工工资电子化支付落实情况	是否按规定向总包账户拨付农民工工资	农民工工资协议、农民工工资领用表、财务支出凭证	
52		总包单位是否正确代发农民工工资	农民工工资协议、农民工工资领用表、财务支出凭证	
53		农民工工资发放明细与e安全系统人员情况是否对应，如不对应是否有相应审批	农民工工资协议、农民工工资领用表、财务支出凭证	
54		是否存在费用支付不及时现象	农民工工资协议、农民工工资领用表、财务支出凭证	
55	公司招标全流程管理制度落实情况	是否每月18日前向公司建设部报送下月度工程及服务类招标计划	市公司建设部每月下发计划	
56		是否结合招标策划工作，建立基建项目工程及服务类招投标台账，并每月及时更新	工程及服务类招投标台账	
57		是否组织招标文件（含工程量清单及招标控制价）复核性审查	会议纪要等支撑材料	
58		是否存在擅自变更招标方案核准意见书批准的招标方式，是否存在化整为零或以其他方式规避招标现象	立项核准、招投标资料	第一轮巡察"全覆盖"负面清单

续表

序号	检查内容	具体内容	资料清单	备注
59	公司招标全流程管理制度落实情况	是否在开展招标业务前及时签订代理合同	招标代理合同、经法系统流转单	
60		可研未批复、招标方案未核准、选址意见书（多规合一意见）未取得情况下是否启动勘察、设计招标（可研设计一体化招标项目、一会三函项目除外）	可研批复、立项核准、选址意见书、勘察、设计招标代理合同	第一轮巡察"全覆盖"负面清单
61		初设未批复、施工图和施工图预算未审核是否启动施工招标，是否使用国网公司规范性控制表	可研批复、施工图评审及施工图预算审核意见	第一轮巡察"全覆盖"负面清单
62		是否在资格、技术、商务条件等方面以不合理的条件限制、排斥投标人或者潜在投标人，评标专家是否从北京市评标专家库或国家电网公司、公司评标专家库中随机抽取确定	招投标资料	第一轮巡察"全覆盖"负面清单
63		是否执行框架招标结果，框架内供应商比选过程是否规范	比选文件	第一轮巡察"全覆盖"负面清单
64		是否存在未招标先实施现象	招投标文件、合同、开工报告	
65		招投标过程资料归档是否齐全，未中标单位资料是否按规定保存两年	招投标文件相关资料	第一轮巡察"全覆盖"负面清单
66		是否存在投标人围串标嫌疑、泄露投标人信息风险、评标程序不合规现象	招投标文件相关资料	
67		是否存在泄露投标人信息风险、评标程序不合规	招投标文件相关资料	
68		是否存在评标过程不严谨，评标资料中存在涂改痕迹	招投标文件相关资料	
69		是否排名第一的中标候选人为中标人	招投标文件相关资料	

序号	检查内容	具体内容	资料清单	备注
三		造价管理提质增效		
70		是否按照公司现场过程造价控制实施方案高质量开展现场过程造价控制	现场过程控制报告	
71		是否对所管基建工程项目每三个计量周期开展一次分部结算工作	分部结算资料、计量资料	
72		分部结算审定的工程量和结算金额是否调整，工程竣工结算是否在分部结算相关成果汇总的基础上开展	分部结算预定案表、结算报告	
73		是否以竣工验收签证书注明的竣工投产时间为结算起始时间，按期完成竣工结算（110kV及以下54天，220kV及以上90天，迁改工程60天），工程成本是否及时入账。结算是否超概算。概算超估算项目，结算是否低于估算	竣工验收证书、CJI3台账、结算报告	
74	分部结算和竣工结算管理情况	工程结算报告编制、审批是否按期完成	结算报告	
75		工程结算是否准确，是否多支付施工费、设计费等。工程合同价款调整支撑依据是否充足	合同、结算报告	第一轮巡察"全覆盖"负面清单
76		施工前期赔偿支撑依据不足、结算不真实	前期合同、实测实量资料、结算资料	第一轮巡察"全覆盖"负面清单
77		工程结算未施先结，工程结算费用不实；工程结算资料中时间、审核人等关键信息缺失	结算报告、合同、现场过程控制报告	
78		开工报审表、开竣工报告、施工日志、监理日志、结算审核书中竣工结算审核报告、竣工验收签证书等资料中的开工、竣工日期是否填写一致	开工报审表、开竣工报告、施工日志、监理日志结算审核报告、竣工验收签证书	

序号	检查内容	具体内容	资料清单	备注
79	分部结算和竣工结算管理情况	竣工图工程量与甲供物资供应量是否一致，现场到货量与图纸量、合同量是否一致，安装工程量与设备材料使用量是否一致	竣工图、物资结算报告	
80		是否存在施工图深度不足，导致招标工程量不准确现象（招标、结算阶段工程量清单数量和项目特征差异较大）	施工图、竣工图、招标工程量清单	
81		规范"智慧工地"合同内容，是否据实结算，未实施模块是否纳入结算	智慧工地相关资料	
82	新冠肺炎疫情防控费用情况	是否多计列与实际方案执行不符合的新冠肺炎疫情防控费用	新冠疫情签证及相关材料	
83		是否存在费用支付不及时现象	财务支付凭证	
84	三维设计费结算情况	合同约定的三维设计内容是否开展	三维设计成果文件	
85		是否多计列未实施工程的三维设计费	设计合同	
86	物资规范管理情况	是否存在甲供转乙供现象	招标工程量清单、物资结算报告	
87		是否进行内部利库	利库单	
88		工程现场物资管理是否规范，撤旧、剩余物资是否有退库或报废资料	撤旧、剩余物资退库等资料	
89		撤旧、剩余物资是否存放于施工单位	/	第一轮巡察"全覆盖"负面清单